設立から
次世代継承まで

事例に学ぶ
これからの集落営農

農文協・編

農文協

まえがき

本年（2017年）は多くの集落営農組織立ち上げのきっかけとなった国の「品目横断的経営安定対策」から10年目の年に当たります。集落営農はよく「5年たったら見直し、10年たったら世代交代」と言われるように、今、多くの集落営農組織でリーダーの世代交代と次世代育成が求められています。また「農業の平成30年問題」と言われる来年からの戸別所得補償の全面廃止と米の生産調整見直しなどの不安の中、経営安定に苦心している集落営農組織も多いのではないかと思われます。

一方では、集落営農組織から一歩踏み出し、農業以外の地域の「困りごと」を発掘し、農家以外の住民とともに解決していく「地域運営組織」としての活動を始めた組織も現れ始めています。

たとえば本書で大分県宇佐市の㈱橋津営農組合よりもの郷理事の仲延旨さんは、「集落の多くの人が米を買ってくれるのは、『地元に愛される法人』をめざして、さまざまな活動をしてきた成果の表われかもしれません」と述べています。「さまざまな活動」とは、出荷できないタマネギの配布や、麦刈り後の麦ワラを家庭菜園用として利用するための圃場開放、家族ふれあいエダマメ刈り大会など。これに最近は米の精米宅配、通学路や散歩道の草刈り、用水路の管理（泥上げ）、空き家管理などの「困りごと解決」が加わって、ますます地元に親しまれるようになった結果、集落（140戸、うち農地所有者は65戸）で生産される米、計570袋（30kg）すべてを集落内で1俵（60kg）1万4000円で販売しています（104ページ）。

また愛媛県西予市の俵津営農ヘルパー組合㈱の経営の主力はミカンですが、都会に出てなかなか帰省できない家の春秋の彼岸と盆正月の年4回の墓掃除や各家庭の庭先果樹の防除、空き家の草刈りや空気の入れ替えなどの地域貢献活動の結果、直販のミカンの販路開拓に集落の人が協力してくれたり、進学や就職で都会に出ていった集落出身者の集まり「関東俵津会」の人も利用してくれるようになり、1400軒のお客がついて売り上げが伸びたといいます（160ページ）。

政府は「攻めの農業」「強い農業」「農産物輸出戦略」を掲げていますが、本書で紹介した集落営農組織は地元を支え、地元に支えられながら、先祖から受け継いだ集落と農地を次世代に引き継ごうとしています。ぜひ集落営農の学習会や研修、視察などに、『現代農業』『季刊地域』の記事を再構成した本書を活用いただけたら幸いです。

2017年4月　農山漁村文化協会編集局

PART 3

PART4　地域の課題を解決、仕事をつくりお金を回す地域運営組織へ

■おことわり 本書に登場する方々の年齢や肩書、「〇年前」などの表現は、各記事の末尾に表示している『現代農業』『季刊地域』に掲載時のものです。また、執筆者名のない記事は、『現代農業』『季刊地域』両編集部の取材、執筆によるものです。

PART 1

設立直後から直面した経営危機
こうして乗り越えた

大分県宇佐市　(農)橋津営農組合よりもの郷《さと》理事　仲 延旨《のぶよし》

(農)橋津営農組合よりもの郷の主力メンバー

資金繰り改善——コスト低減ケチケチ大作戦

これほど危機を経験してきた法人もめずらしい

私の住む橋津集落は大分県の穀倉地帯である宇佐平野にあります。しかし、集落内の水田は半分しか圃場整備ができておらず、多くは条件の悪い田んぼでした。そして、ほかの多くの集落と同様、兼業化や高齢化により「このままだとつくり手がいなくなる」という危機感が出始め、集落内で話し合った末、2005年6月に農事組合法人 橋津営農組合「よりもの郷」を設立しました。名前は集落を流れる寄藻川に由来します。

法人の経営が安定するには3年かかるといわれます。ここも例外ではなく、過去の預金残高の推移（次ページの図）を見れば、当初の苦しい状況がひと目でわかります。それでも収量の向上とコスト低減を目標に一筋に努力を重ね、経営を徐々に改善してきました。

組合は2015年に設立10年を迎えましたが、それまでには、資金繰りの悪化、主力オペレーターの病気とリタイヤ、常時雇用者の退職、8年で5回もの農業機械による大事故など、経営を脅かす試練を何度も経験してきました。県の集落営農担当者からは「これほどいろいろな危機を経験してきた法人もめずらしい」と言われたほどです。

この章では、そんな危機を乗り越えるために私たちが取り組んできたことを報告したいと思います。まずはじめに、資金繰りに窮したことから、爪に火をともすようにコツコツ取り組んできたコスト低減策について述べます。

初年度から資金が底をついた

法人は設立するのも一苦労ですが、本当の苦労は設立後の運営管理からです。スタートした年は梅雨時期の大雨により大豆が収穫皆無となり、米も十分な管理ができずにひどい収量でした。そして、設立時にあった350万円の出資金が半年で底をつき、いきなり資金繰りに窮しました。企業並みの作業賃金を支払うことが目標でしたが、1年目にして時給1200円を1

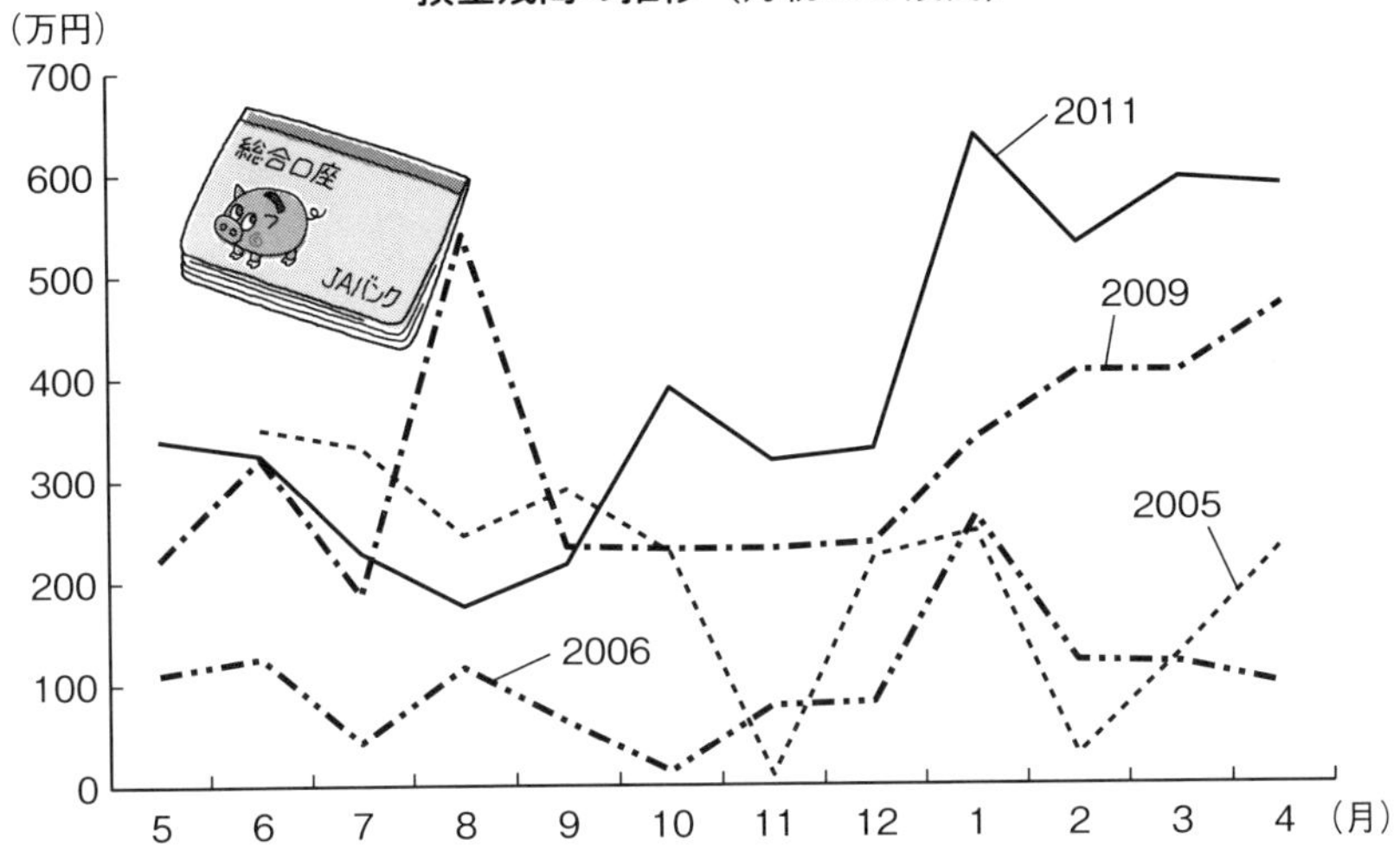

設立初年（2005年）と2年目はとくに資金繰りが悪化し、100万～200万円の短期借入をしながらしのいだ。5年目（2009年）にしてようやく借り入れなしで経営を回せるようになった。12月に麦や転作関係の交付金、2月に大豆の交付金、3月に転作関係交付金の残りが入った

000円に減額せざるを得なくなりました。

ふり返ってみると、このような状況の中でもよかったと思えるのは、最初にみんなで危機感を共有したことです。毎月、第1土曜日の夜に開催する定例会には、理事とオペレーターが集まり、理事会と作業部会の同時開催のかたちで作業の打ち合わせや検討事項の協議決定を行なっていました。このときに、預金残高による資金繰りの情報も提示し、経営状況の最新情報を全員が認識するようにしたのです。

その結果、作業員のコスト意識が高まりました。たとえば、作業がスムーズにできて少人数でも間に合う

（農）橋津営農組合
よりもの郷の概要
（2016年現在）

- **設立年月**：2005年6月
- **資本金**：350万円（現在383万円）
- **構成員**：44人（うち認定農業者1、兼業農家13、非耕作農家30）
- **経営面積**：17.5ha
- **作業員**：17人（専従3人、臨時14人）
- **経営**：水稲6.9ha（うち飼料稲3.6ha）、麦16.5ha、大豆9.2ha（うち黒大豆6.5ha）、タマネギ1ha、ブロッコリー0.1ha、もち加工、作業受託
- **総収入**：3,535万円（経常利益473万円）

ようなときは事務局が言わなくても自主的に仕事を終了して帰るようになったり、作業中にこぼした肥料はちり取りですくって再利用したり、お茶は各自が水筒を持参したり、作業後に燃料を補給するときは「油の一滴は、血の一滴だ」を合言葉にこぼさないように気をつけるなど、みんなが細かな辛抱をするようになっていきました。

資金繰りに窮したとき

作業賃金は労働意欲を高める重要な要素の一つです。当組合では、作業賃金を毎月支払うことで労働意欲の向上を図ろうと、当初から毎月5日までに作業実績報告書を各自が提出し、会計担当が集計、源泉徴収して10日までに各人のＪＡ口座に振り込む仕組みに取り組んできました。

しかし、毎月の賃金の支払いのために、たちまち資金繰りが悪化しました。そこでやむを得ず、年に2回は農協から短期借入をすることになりました。同じ借り入れでも、公的資金などは手続きが大変なうえに保証人も必要になるので、明日にでも資金が必要なときは間に合いません。苦肉の策として出てきたのが、会計担当や総務企画担当の役員が自分の養老生命共済（農協の生命保険）を担保に交代で借り入れることでした。生命共済の証書を農協の窓口に持っていけば、それが担保となるので細かい手続きや保証人は不要です。しかも安い金利で、すぐに借り入れることができたので、とても助かりました。

ちなみに、作業員が支払った源泉所得税は確定申告でほとんど還付されるので、これが「ボーナス」となります。

設立5年目からはようやく運転資金に余裕ができて、短期借入をしなくてすむようになりました。

コスト低減ケチケチ大作戦

▼免税軽油で年間19万円の節約

コスト低減に向けて取り組んできたことを具体的に紹介します。まず最初に目をつけたのがトラクタなどに使用する燃料で、免税軽油を活用することにしました。これは県税事務所へ申請し、免税軽油使用者証の交付を受ければ1ℓ当たり32・1円かかる税金（軽油引取税）が免除される制度です。現在は年間6000ℓ使用していますので、年間約19万円の節約ができています。

免税軽油は実績報告書の作成が少し面倒ですが、せっかくの制度なので積極的に利用すべきです。農業者個人でも受けられますが、農業生産法人の資格を持たない作業受託専門のような法人や任意組合は農業ではなく請負業と見なされるため、この制度の対象外です。

段取りを見直してスムーズにできるようになった水稲の播種作業

2013年から始めたプール育苗

▼肥料・農薬は安くて条件のいい業者から

生産コストの大半を占めるのが肥料・農薬代です。当初は農協からのみの購入でしたが、設立4年目頃からは複数業者の見積もりを比較し、安くて条件のよい業者と取引するようにしました。業者選定のポイントは、肥料の成分単価、決済サイト（支払いをいつまで待てるか）、品質の順です。安物は粒が固まっているなど品質がよくないのですが、米麦に使用する肥料はブロードキャスターで散布するので、品質にはそれほどこだわらなくてもよいようです。

最近は農協が大口取引のメリットとして、10t・5tトラックの満車直行便割引を行なっていますが、肥料の品質がよいために高単価となっています。

そこで当組合では見積もり比較をした結果、現在は地元のホームセンターの国産化成オール14（14―14―14）を1380円（1袋20kg）で一度に500袋購入しています。購入した肥料は業者の倉庫に保管してもらい、必要なとき配達してもらう取り決めです。米麦の元肥と追肥にはすべてこの肥料を使用しています。

追肥用として一般的に使われているＮＫ化成は１８９０円しますので使用していません。

資金繰りがきびしい法人経営では決済サイトが長いほうが助かります。地元のホームセンターでは支払いを４カ月待ってもらえます。一方、農協では半年待ってもらえるので、この点では農協は農家のために頑張っていると思います。ホームセンターでの取り扱いがない野菜に使う肥料や農薬は農協から購入しています。

▼地域共通商品券、プレミアム商品券を利用

宇佐市は数年前から地域共通商品券を発行しています。最近では地方創生事業にともなって新たな商品券も発行されました。これらは10万円の商品券で11万〜12万円分の買い物ができます。組合ではこれらの商品券が出るたびに役員が並んで毎回50万円の商品券を購入し、肥料・農薬代の支払いに活用しています。

現在の年間の肥料・農薬代は３２５万円ですが、このようなコスト低減対策を地道に行なってきた結果、農協からすべて購入していた時代に比べると、コストを約26％節約できるようになりました。とても大きなことです。

経営計画を立て目標に向かって努力

組合では「経営発展チャレンジ5カ年計画」という経営計画をつくり、毎年事業ごとに目標を設定し、その達成に向けて努力してきました。経営計画は絵に描いたもちのように思われがちですが、私は生き延びるための処方箋であると考えます。

目標の一つには、たとえば流通コストのかからない効率的な販売があります。米については集落内を中心とした自主販売の努力を続けてきたことで、米価が下落した２０１４年産も採算割れしない７０００円／30kgで販売することができました（１０５ページ参照）。さらに、費用の35％を占める労務費の節約を図るため、段取り八分のムダのない作業の励行も心がけてきました。

作業の段取りを見直してムダを減らす

水稲の播種作業は12名が参加します。当初は朝８時にみんなが集合し、作業に取りかかっていました。しかし、作業の段取りと自分の役割がわからずにみんな

が右往左往し、かなりのロスタイムが出ていました。そこで担当ごとに時差出勤するようにしたら、スムーズに作業ができるようになりました。まず機械担当2名が7時に出勤し、前日セッティングした播種機の調整（床土量、播種量、覆土量）と播種を行ない、1時間遅れて8時に苗箱並べ班が来たときには200枚の播種ができているといった具合です。昼食休憩も30分の時間差で半分ずつ休憩することにより、機械を止めることなくずっと播種し続けることができます。また、2年前からはプール育苗を導入した結果、水道料が従来の3分の1になり、水管理や苗箱運搬にかかる作業時間も25%省力化できました。

こうしたさまざまなコスト低減対策にコツコツと取り組んだり、また危機が訪れたときはみんなで知恵を出し合って努力してきたことで、経営規模がわずか17.5ha（設立時は4・7ha）の弱小法人でも、現在3名の若者を常時雇用できるまでになりました。

（『現代農業』２０１５年9月号掲載）

水田利用率200%をめざし、新規作物も導入

水田は二毛作しないと儲からない

九州の水田農業の特徴は、米の後も麦や野菜などの裏作ができることです。しかし最近は、高齢化にともない裏作の作付けも急速に減少しつつあります。農業経営は資本である農地を1年に何回使うかが収益向上に大きく貢献します。

よりもの郷も当初は4・7haの利用権設定面積でしたが、組合員の裏作を期間借地して麦づくりを始めました。その頃、地元の焼酎醸造メーカーが「いいちこ」という銘柄で全国的に焼酎ブームを引き起こし、地元でも麦づくりの機運が高まっていました。集落の農地利用率はわずか140%でしたが、2年目からはすべての田で麦をつくり200%を達成。排水対策が不十分で湿害が出やすいため、組合では通常のドリルシー

水稲と麦の収益性比較

2013年産	面積	売上額	交付金	総収入	経費	総利益	10a当たりの利益	10a当たりの作業時間
水稲	6.7ha	726万円	250万円	976万円	944万円	32万円	5,000円	21.4時間
麦	16.2ha	786万円	420万円	1,206万円	1,096万円	110万円	7,000円	9.4時間

※水稲は食用米4.1ha（反収404kg、販売単価1万4,000円／60kg）とWCS2.6ha。水稲の交付金は所得補償交付金とWCSの転作交付金、麦の交付金は数量払交付金と二毛作助成（1/2）

ダー栽培から、シーディングロータリという機械を使ったウネ立て栽培方式を導入し、収量の安定化を図ってきました。

上の表を見てください。麦の販売単価は20円／kgほどですが、各種交付金を加えると、米より利益が高いことがわかります。米は反収が低いこともあり、1万4000円／60kgで売っても所得補償交付金がなければ赤字です。つまり、二毛作で水田をフル活用しなければ儲からないということです。関西以西の営農集団がよく視察に来ますが、排水不良等の理由で麦をつくっていないところが見受けられます。

それでは利益は出せそうにありません。

自前で畦畔除去して作業効率大幅アップ

コスト削減の大きな要素に作業効率の改善があります。組合では17・5haの経営面積のうち、基盤整備ができていない圃場が8ha（3〜20a／筆）あり、大型機械の作業効率を阻害していました。その改善対策として、連続して利用権設定した田では畦畔を除去して圃場の大区画化を実施してきました。当初は、地権者も畦畔を除くことに非協力的でしたが、借りた農地を大切に管理する組合の実績を見て信頼されるようになり、2012年頃からやっと地権者も畦畔除去に同意してくれるようになりました。

圃場の大区画化は簡単です。畦畔をトラクタで耕起し、石を拾った後、業者に委託します。パワーショベルでレベルを合わせながら表土を移動し、最後にレーザーレベラーで整地してもらって完了です。工事費は10a当たり4万2000円。農業基盤整備促進事業などの補助事業を使えばさらに安くできます。

これによってさまざまな効果が見られました。まずは機械作業効率が28％アップし、10a当たりの作業時

４枚の田の畦畔（色が濃い部分）を除いて1ha区画の圃場を自前でつくった。工事費は10a4万2,000円

図1 作目ごとの作業時間の推移

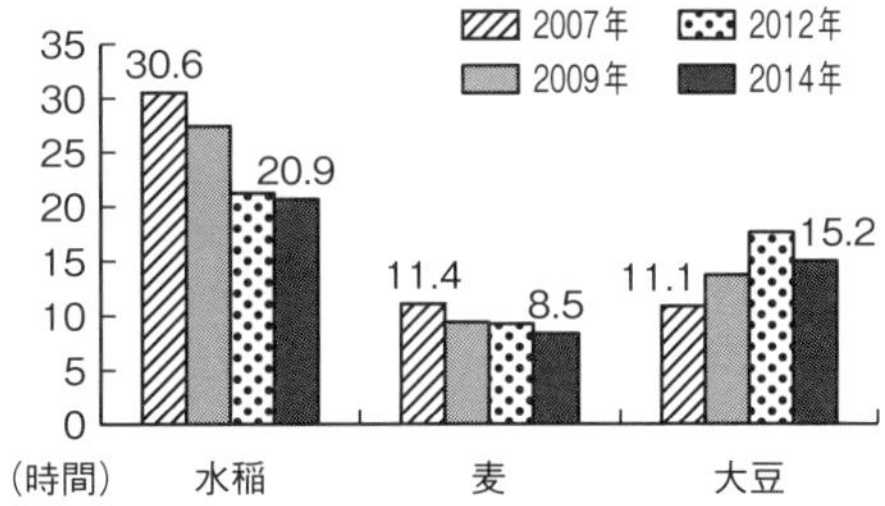

畦畔除去して圃場を拡大したおかげで、水稲や麦では作業時間が短縮された。大豆も機械作業時間は短縮されたが、黒大豆に転換して手選別が必要になったためにトータルの作業時間は増加

間がかなり短縮されました（図1）。また、草刈り面積が35％削減され、栽培面積も1・6％増加しました。作業労働の軽減や労賃の削減に相当貢献しています。これまで8カ所で実施してきましたが、このようなことができるのも法人化のメリットであるといえます。

新規作物としてタマネギ栽培にチャレンジ

▼きっかけは後継者の常時雇用

法人経営は、つねに次を担う後継者の育成が重要です。しかし組合員がまだ十分仕事ができる間は、後継者育成についてあまり緊急感がありません。組合を設立して5年があっという間に過ぎ、仕事のできる組合員が1人、2人と減っていきました。そうした中で、米麦大豆中心の経営では、交付金などへの政策依存度が高く、経営の先行きが暗いと感じ、また将来の常時雇用のために冬季の作業と賃金を確保できる新規品目が必要だと考えました。そこで、栽培が粗放的で出荷調製も比較的簡単そうな、宇佐市の振興品目でもあるタマネギを選択しました。

▼3年は失敗の連続

しかし、タマネギ栽培はまったくの素人で、非常に

苦労しました。地床育苗で半自動定植機を使った初年度（2005年）は、栽植密度が高く、反収は4・8tと多かったものの、かなりの労力を要しました。そこで2年目よりポット育苗で自動定植機を使い、機械化体系にしたところ、圃場の利用ロス（トラクタで追肥・土入れを行なうためウネ間を広くとり、枕地にも植えない）が大きく、反収は2・4tと大幅に低下。ほとんど利益は出ませんでした。

また、当初は農協に全量出荷し、調製選別をすべて任せていましたが、出荷経費が売り上げに対して3割ほどかかるため、市場単価が60円/kgを下回ったときは赤字になりました。

収穫時期に、ある程度のタマネギが集まらないと農協は選果場を稼働しません。収穫時に雨の多い年は、貯蔵施設を持たないため、保管している間に腐敗球が出てきます。とくに3年目（2008年）は腐敗球の発生が多く、収穫したタマネギの半分を廃棄処分せざるを得なくなりました。役員みんなが「もうタマネギはやめようか」と話し始めましたが、先進地の佐賀県を視察した役員の1人が、若い女性が子どもを背負ってタマネギの定植作業をしている姿を見て感動し、もう1年は頑張ってみようということになったのです。

▼利益を出すための努力と工夫

以下は、利益向上のために行なってきた対策です。

①佐賀県の先進技術および地域の高反収農家の技術に学び、栽植密度や病害虫防除のポイント、追肥の適期などを改善し、まずは反収の向上を図り、当初は2t台だった収量が、現在は4t台になりました。

②播種機、定植機、掘り取り機は高額なため、近隣の法人からのレンタルにしました。

③出荷調製、選別箱詰め作業はすべて組合で行なうようにし、市況に応じて出荷の仕方を変えました。データにもとづき、市場単価が96円を下回るときは農協出荷ではなく、自分たちで近隣の市場に出荷します。農協出荷は集荷場の利用料や運賃などの手数料が販売額の20～25%かかるため、96円以下の単価では利益が出ないのです。また段ボール箱を、それまで使っていた機械選別用より10円安い手詰め用の箱に切り替えるなど、流通コストの低減に努めました。

④2年目からは集落内の女性（6名の「玉ネギレディース」）が組合のためにと調製作業に来てくれ、頑張ってくれました。彼女たちは電話1本でいつでも来てくれ、年々作業スピードも早くなり、今では農協選果場の女性たちに引けを取らないまでになって、A品率向

図2 タマネギの総収入と利益

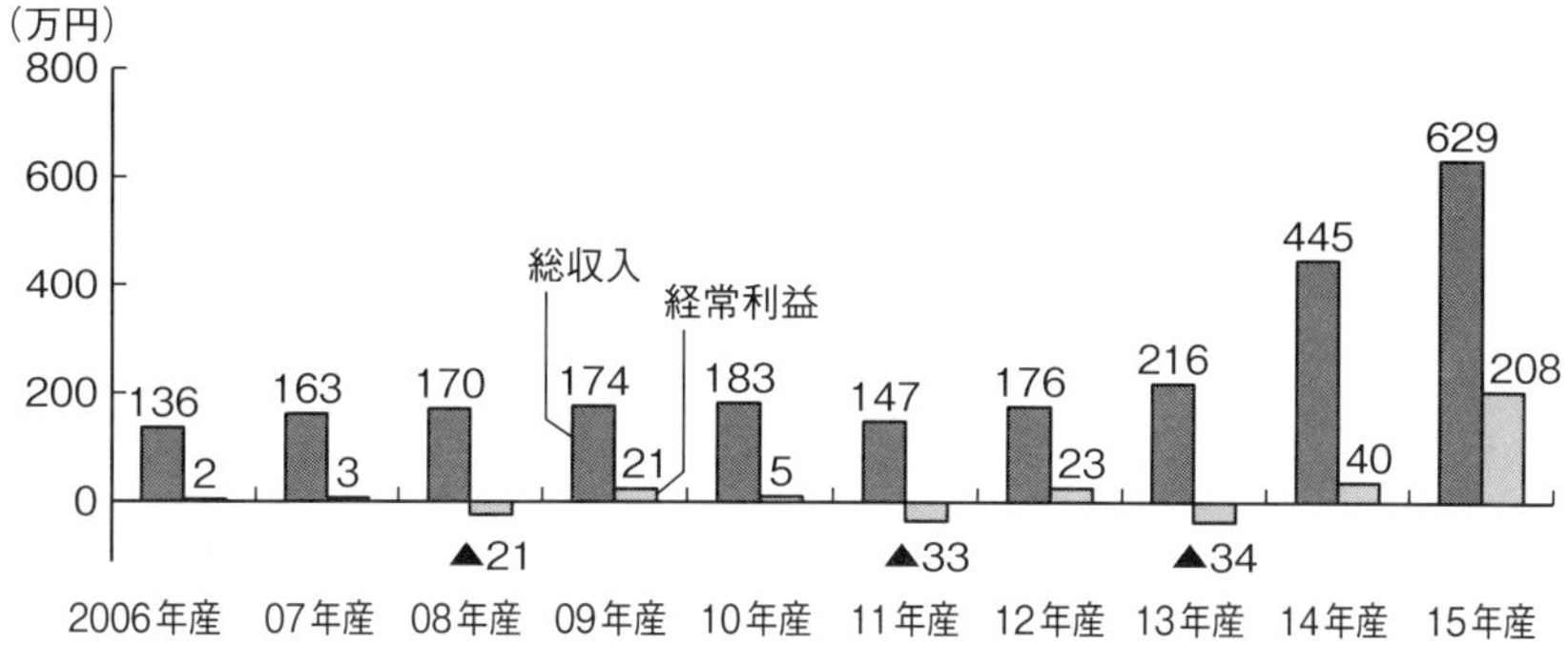

2008年産、09年産、10年産は腐敗球の発生や低単価により赤字に。2014年産、15年産は収量が伸び（反収4t超え）、単価も高かったために収入や利益が大幅に伸びた

タマネギ選果をしてくれる玉ネギレディース

上に貢献しています。玉ネギレディースがいるだけで作業場の雰囲気は明るく楽しいものになりました。

⑤タマネギ栽培をやめた農家からもらった古いタマネギ選別機を導入し、選別スピードが3倍になり省力化できました。

⑥市場に出しても二束三文だったS玉は、ネット詰めにして地域の直売所で販売するようにしました。傷物はネット詰め放題にしたらけっこう人気商品に。これまで廃棄していた規格外品を高値で販売できるようになり、利益向上におおいに貢献しています。

▼タマネギがもたらした経営効果

タマネギを導入したことによる経営的な効果は、大きくは3点あります。一つは、水田農業では現金確保がむずかしい7、8月の資金繰りがラクになったことです。また、冬季の作業が確保できたことにより、夢であった若者の常時雇用（現在3名）を可能にし、玉ネギレディースの活躍で組合に新たな活気も生まれました。

2015年度まで、タマネギに取り組んで10年の利益が出た年と赤字になった年を比べると7勝3敗です（前ページの図2）。多くの問題を克服しながら、年々技術改善を行ない、当初は40ａほどで始めた面積も徐々に拡大して現在は1haほどになり、組合の主要品目として定着しています。

米・麦・大豆のように何も考えずに農協に出せばそれで終わりという農業を続けてきた役員にとって、タマネギ栽培は技術習得もさることながら、販売戦略の重要さを理解できた貴重な取り組みでもありました。大きなカルチャーショックだったのです。

大分県では米・麦・大豆以外の新規品目導入を法人組織に勧めていますが、成功している組合はわずかしかありません。新たな品目を定着させるには努力と時間と忍耐が必要です。しかしあきらめずにこれに取り組む意義は非常に大きいと実感しています。

（『現代農業』２０１５年11月号掲載）

圃場でタマネギを収穫後、鉄コンテナに収納。以前はミカンコンテナを使って手作業で集めていたが、フレコンを使うようになってから作業がすごくラクになった

オペレーターのリタイア続出 ――若者3人を後継者に育てて危機打開

設立5年目頃からリタイアが続出

２００５年に設立したよりもの郷の経営も、規模の拡大などとともにきびしい嵐を乗り越え、４年目頃から少し安定期に入ったように感じ始めました。この時期の作業員の平均年齢は68歳、まだみなさんそれなりに元気に作業をしていました。

しかし、５年目、６年目頃より急に病気や体調不良で農作業に出られなくなる人が増えてきました（表1）。困難の第2期の始まりです。それまでは3人の主力オペレーターが中心に頑張っていましたが、２人はやがて70歳に。そう長くはもたないだろうと、役員たちも不安を抱いていました。そこで２０１２年頃から、組合の「経営発展チャレンジ５カ年計画」などで若者の採用を検討するようになりました。

表1　組合員の労働可能人数の推移

年／年齢		2005	2006	2007	2008	2009	2010	2011	2012	2013
認定農家	①	67	68	69	70	71	72	73	74	75
	②	68	69	70	71	72	73	74	病気離農	
兼業農家	①	67	68	69	70	71	72	73	74	75
	②	62	63	64	65	66	心臓病発病			病気離農
	③	65	66	67	68	脳梗塞発病				
	④	58	59	60	61	62	63	64	65	66
	⑤	68	69	70	71	72	73	74	75	高齢離農
	⑥	64	65	66	67	68	69	70	体調不良	
	⑦	49	50	51	52	53	54	55	56	57
	⑧	63	64	65	66	67	68	69	70	病気離農
	⑨	67	68	69	70	71	72	73	74	75
	⑩	51	52	53	54	55	56	57	58	59
	⑪	57	58	59	離農					
	⑫	64	65	死亡						
	⑬	52	53	54	死亡					
	⑭	76	77	78	79	80	81	82	83	死亡
	⑮	73	74	75	76	死亡				

組合設立時には作業できる人が17人いたが、徐々にリタイアする人（白）が増え、９年目には６人になった

集落内外から若者が加わる

2012年10月、集落内の若者T君（46歳）が、それまで勤めていた会社をリストラされ、仕事を探しているとの情報が入りました。よりもの郷で働いてみませんか、と声をかけたら、勤めてくれるようになりました。本人はこれまでにも農作業のアルバイトをしていたことがあり、即戦力として活躍してくれました。

それから2カ月後、理事の知人の息子のI君（40歳）が、県外から隣町に帰って来て職を探しているということで、働いてもらうことにしました。I君は非農家で農業をやったことがありません。慣れない仕事を一生懸命必死で覚えようとしていました。

翌年、大学を出て大手企業に就職していた集落内のM君（32歳）が、会社の経営方針や人間関係になじめず会社を辞めて家に引きこもっているとの情報が入りました。やはり声をかけてみると、やってみてもよいという話になりました。

さらにその1年後、高齢の親の介護のために名古屋から郷里（隣町の山間部）に戻ったO君（49歳）が、定職を探しているとの情報が入りました。会って話をしてみると、本人は小規模ながら水稲やシイタケを栽培していて、大規模な農業にも興味があるとのこと。30㎞離れた家から通勤するようになりました。

彼らの雇用に際して、I君とM君は農水省の「農の雇用事業」の年齢制限に適合し、この事業で賃金の一部を補填したので経営的には大変助かりました。

4人の若者は、そのころたまたま見つかったことにより勤めてもらうことになったわけですが、今考えてみると、よりもの郷は彼らを採用したおかげで活動不能にならずにすんだのです。2013年は主力オペレーターの1人（66歳）が突然大病を患い、さらに翌年は75歳と57歳のオペレーターが高齢や病気のためにリタイア。3人の主力オペレーターが突如としていなくなったのです。若者にオペレーターを交代できていなければ、組合はどうなっていたかわかりません。

若者を採用して出てきた新たな課題

若者の常時雇用に必要な条件は次の4つだと考えます。

①年間の作業時間の確保と、労働の季節変動の平準化
②賃金を支払える経営の確立

③社会保障制度の充実
④意欲のもてる職場づくりと、指導体制の構築

▼**作業時間の確保と賃金を支払える体制はできた**

①の作業時間については、前項で紹介した通り、タマネギの導入などで冬季も月に500時間以上の作業を確保できるようになりました。②の賃金については合計で年間1000万円以上の作業労賃を支払えるようになったので、3人の常時雇用ができる体制は不十分ながら整いました（1人は農作業不適応のため1年で退職）。

▼**大問題の社会保障は役員報酬カットで対応**

問題は③の社会保障制度の充実です。当初は、労災保険と雇用保険だけは掛けていましたが、組合負担が大きくなる厚生年金と健康保険は見合わせていました。しかし、1~2年するうちに、彼らは大きな声でこそ言わないものの、要望は徐々に強くなってきました。

そこで2015年5月の理事会に提案したところ、時期尚早と反対されました。しかし、組合長以外の理事は高額年金受給者で悠々と生活している公務員や大手企業のOBです。「厚生年金も健康保険もない会社に自分の子どもを就職させたいと思いますか」と問いかけてみましたが、「今の経営状況ではすぐに導入するのはむずかしい。もう少し様子を見てはどうか」とのこと。厚生年金の掛金率は給与の16・8%、健康保険は給与の10・1%。これを本人と事業主が半分ずつ納付します。年間250万円の給与だと、掛け金総額は250万円×26・9%で約67万円。組合の負担は年間1人当たり約33万6000円となるからです。

ところが役員がもっとも期待するM君が、「農の雇用事業」が10月に終了するので、それを機にもっと条件のよい他企業への転職を検討し始めました。そのためもう一度、おもだった理事だけで臨時理事会を開き、検討した結果、一番若いM君を先行的に給与制にし、厚生年金と健康保険を掛けること、その経営負担をフォローするために、役員報酬はその年度より4割カットすることに決めました。役員が若者に期待している意志を明確にすることが大事だと理事を説得したのです。

他の2人の若者には、経営規模の拡大にともなって順次早期に改善するということで、了解を得ることができました。M君を優先したのは、彼は総務事務の経験がありパソコンを使え、さらに農業機械も使いこな

表2　採用の過程と履歴

氏名	採用年月	出身地	就職前の状況	採用時の組合総収入
T君（46歳）	2012.10	集落内	他企業でリストラされ、自宅待機	2,404万円
I君（40歳）	2012.12	隣町 （安心院町）	他県で仕事を辞めて親元に帰郷 ★採用1年後に退職	2,404万円
M君（32歳）	2013.3	集落内	大学卒業後大手企業に就職、退職して自宅待機	3,739万円
O君（49歳）	2014.8	隣町 （院内町）	名古屋で会社員、親の介護で退職して帰郷、兼業	3,712万円

常時雇用した若者3人の労賃は1人当たり年間240万円ほど

新規採用し、頑張っている3人の専従職員。最近できた事務所の前で

せるので、将来の事務局長として期待できること、結婚を控えているなどの理由からでした。この点は、若者全員と十分に協議し理解してもらったうえでの決定でした。

現状はまだ時給制なので、できるだけ若者が賃金を稼げるように、年輩者には若者に仕事を任せるようにしてもらっています。草刈りやヒエ取りなど多くの手が必要なときだけ年配者に出てもらいますが、かえって仕事がラクになったと喜んでいます。

▼若者への指導は比較的うまくいっている

④の指導体制の構築は多くの法人役員がとまどっている問題です。公務員は役職が上がる節目に必ず部下職員を管理育成するための研修を受けるので、管理職経験者はコーチング技術を身につけています。しかし、農業を専門にやってきた組合長などは1人社長で自由にやってきた人が多く、よほど人格が穏やかでないと、うまく若者を指導することができません。若者の失敗を強く責めたり感情的に叱責したりして、若者がついて行けずに辞める例が多く見られます。その点、当組合は役員に管理職経験者が多いので、若者の気持ちを理解しようと努め、比較的うまく育成ができています。

採用は簡単にできるが解雇は簡単ではない

一度の面接でその人の性格や能力がわかるものではありません。当組合も非農家出身のＩ君を採用し、本人は意欲もあったのですが、何度教えても作業の要領が悪く、他の若者と気まずい関係にもなったので、協議して退職してもらうことにしました。組合都合での退職なので、ハローワークで雇用保険の支給を早めてもらい、次の仕事の世話もしました。

採用は簡単にできますが、解雇は簡単にはできません。労働契約書には、最初の半年は試験雇用とし、その結果を見て本採用にするという条件を付けておいたほうがよいと思います。

最近は、都会から脱サラして農業をやってみたいという若者がけっこういますが、会社でもあまり役に立たなかった若者には注意が必要です。私は以前、県の農業大学校で農業経営の講義をしていましたが、農大生の中には優秀な人材がいますので、そういうところから募集するのも有効だと思います。

担い手育成のための五つの気配り

これまで農業、とくに水田農業においては、企業的な勤務体系はあまり確立されてこなかったように感じますが、今後、農事組合法人の増加にともない、農業分野における企業的なマネジメントや人材育成の手法を確立していく必要があると思います。

若者に対しては賃金の問題だけでなく、農業生産に従事しながら地域に貢献する意義をしっかり理解してもらうことや、自身のモチベーションを高め、やる気を喚起してもらうための対応が重要だと考えます。そこで、当組合では次の点にも気を配っています。

①組合は会社であるという意識をもつ

事務所を設置し、就業規則をつくり、定期的な休暇やメリハリのある作業に努める。

②楽しく、やりがいのある職場づくり

おはようございますに始まり、ねぎらいのお疲れさまで終わる挨拶の習慣と、若者と役員との意見交換、懇親の場をつくる。また、若者には仕事に対する意欲をもってもらうために、部門別に担当を任せ、存在感を発揮してもらう。

③**誇れる仕事への動機づけ**

公益（地域の通学路、散歩道の草刈り、空き家周辺の管理、地区の催事への参加等）、共益（用水路やため池の維持管理）、私益（作業受託、農作業、加工等）のバランスのとれた経営活動で地域と協働する。

④**包容力のあるトレーナー（理事）による担い手指導**

理事は管理者としてのコーチング技術を習得し、企業的な経営能力を磨く。

⑤**社会保障制度の充実**

自分の息子を就職させたくなるような待遇をめざす。具体的には早期に時給制から月給制へ移行し、年収300万円を実現する。また、社会保険、厚生年金の導入を実現する（雇用保険、労災保険は導入ずみ）。

集落営農も設立から5～10年たつとオペレーターが病気などでリタイアしていき、必ず世代交代期がきます。常時雇用者の確保は早くから対策を考えておかなければ、組合の存続を脅かす問題になります。常時雇用者は組合の宝。労働作業者はいくらでもいますが、軍師官兵衛のような事務局長になれる人はあまりいません。当組合では優秀なM君を将来の事務局長として育てていきたいと思っています。

（『現代農業』２０１５年12月号掲載）

農作業事故に5回遭遇——まずは保険。危険箇所をなくし、技術も磨く

日本では年間に、農作業で亡くなる農家が３５０人くらいいるそうです。機械は高性能化しているにもかかわらず、オペレーターが高齢化しているからです。最近、よりもの郷の周辺でもトラクタの横転（60代）、ブームスプレーヤの横転（70代）、トラクタ作業中のオペレーターの脳梗塞発症（70代）など大きな事故が3件あり、１人が亡くなりました。組合でも設立後10年の間に、人命にかかわるような大きな事故を5回経験しました。ここではその内容や安全対策について説明します。

5回の大事故、要因を再検討

【事故①】２００6年、軽トラックに40袋の肥料（８００kg）を積んで、やや下り気味の道路にギアをニュー

トラルにし、サイドブレーキをかけて停車していたところ、肥料の重みで軽トラックがひとりでに動き出し、10m下の畑に転落。軽トラックは大破、廃棄となりました。幸いオペレーターは乗っていなかったのでけがはありませんでした。要因は、過積載に加え、坂道停車での輪留め、ギアを入れておかなかったこと、しっかりサイドブレーキを引いておかなかったことでした。

2008年に経験したトラクタ横転事故。幸いオペレーターは軽い打撲ですんだ

【事故②】2007年、麦の収穫作業中にコンバインのグレンタンクが満タンになったので、軽トラックの場所に向かうとき（その田は未整備田のため軽トラックの進入路がない）、斜めにアゼ越ししようとしてバランスを崩し、運転席側に横転。ゆっくり横転したためオペレーターは飛び降りて無事でした。要因は、アゼ越しするときにアゼに対して直交するように進まなかったことです。

【事故③】2008年、麦の播種機を装着したトラクタが作業終了後、やや傾斜の大きい進入路から出ようとしてバランスを崩して横転。キャビン仕様のトラクタだったため、オペレーターは軽い打撲ですみました。要因は、用事があるためにオペレーターの気が焦っていたので、迂回せずに狭くて傾斜のある進入路から無理に出ようとしたこと。作業機を下げたまま傾斜を上るなどの安全運転を怠ったためでした。

【事故④】2010年、コンバインをトレーラーに積み込む作業中、誘導ミスで転落横転。オペレーターはすぐ横の土盛りの上に投げ出され軽い打撲ですみましたが、コンバインは大破、廃棄となりました。要因は、トレーラーが中古で小型のため余裕がなかったこと、コンバインの刈り取り部が十分に上がっておらず、刈り刃がトレーラーの一部に引っかかっていたのに気づかなかったことでした。このために大型のトレーラーを新規導入しました。

【事故⑤】2013年、汎用コンバインで麦収穫の受託作業に行ったとき、狭い道路横の大木の枝にグレンタンクのオーガ（麦などを排出するときの筒状のもの）の先が引っかかり、そのまま横転。幸いオペレーターにけがはありませんでした。要因は、初めての不慣れな場所で誘導員もいなかったため、オーガが枝に引っかかったことに気づかなかったことです。

このように、後で考えれば何でそんなことになったのかと思うようなことばかりですが、実際の圃場ではいろいろな危険があります。オペレーターと補助者はよく連携し、相互に注意し合うことが必要です。とくに複数のオペレーターが使う場合は、機械の構造知識、機械の保守点検、オペレーター技術の向上をつねに図るとともに、もしものときでも安心して作業ができるよう組合としての安全管理体制の整備が必要であると考えます。

組合で実践している安全管理

当組合では、作業員の安全確保のために次のような対策を取っています。

(1) 作業員の安全対策：労災保険および民間傷害保険への加入（約35万円／年）

通常の作業中の事故は民間保険を使い、重篤な事故については労災保険を使うようにしています。労災保険だけにしない理由は、たとえ小さな事故でも、労災保険の適用を受けるときは、組合の労働管理状況など管理者責任まできびしく指導される場合があるからです。

また、作業中のぎっくり腰のように、持病か作業中の事故か判断しづらい場合があったり、通院費用が出なかったりする場合がありますので、組合としても休業補償、医療費補助の独自規定を設定しました。

(2) 農業機械、車両等の保険加入（約42万円／年）

農業機械については農業共済組合の保険を掛けています。JA共済は事故を起こすたびに掛け金が上がりますが、農業共済は、機械を破損して共済金を受け取っても保険掛け金が上がらないからです。搭乗者や交通事故の相手方に対する保険はJA共済を掛けるようにしています。JA共済には、機械保険、搭乗者保険、相手方保険がすべてセットになったものもありますが、後者2つだけの保険にすると掛け金が安くなるからです。

以前、農業機械に農業共済とJA共済の両方を掛け、掛け金を2倍払っていたのに、いざ機械が横転して破損したら、補償額を両者で折半するかたちで半分ずつしか支払われず損をしたという苦い経験もありました。

（3）オペレーターには大型特殊免許の取得を義務化（自動車学校教習料13万円／人、6名取得）

大型トラクタの場合、いくら組合で保険に加入していても、運転する人が大型特殊免許を持っていなければ無免許となって保険は適用されません。オペレーターには、組合が全額負担して自動車学校で大型特殊免許を取得してもらっています。大分県では農業者の免許取得研修（大型特殊：農耕用）を実施していますが、希望者が多くて間に合わない状況です。最近はフォークリフト、タイヤショベル、バックホーなどの機械もよく使いますので、大型特殊免許の必要性が増しています。

「農業機械の日」に行なっている実地研修

（4）「農業機械の日」の設定、技術研修を

最近の農業機械は高性能化し、コンピューター制御によるさまざまな自動化装置がありますので、構造知識や調整・設定技術の習得が必要です。そこで、JA農機センターの職員（当組合の理事）に依頼し、農繁期前の4月と9月の年2回、実践技術研修をしています。

オペレーターが機械作業中はヘルメットを着用することも少しずつ定着しています。また、雨の日には農文協が製作している農業機械の操作、メンテナンス関係のビデオ研修もたまに行ないます（DVD「サトちゃんの農機で得するメンテ術」や「イナ作作業名人になる」など）。自己流で機械操作やメンテナンスを習得している人が多いので、このような研修で専門家から正確な技術指導を受けると、なぜそうしなければならないのかがよく理解でき、若い人からは好評です。

（5）オペレーターの健康診断を開始

常勤オペレーター（3人）の健康管理のため、2014年から年に一度、近くの成人病検診センターで定期健康診断（検査項目により8000円～／人）を行なうようにしました。これは労働基準監督署の職場労働安全衛生調査を受け、強く指導されたことがきっかけです。

（6）「ヒヤリマップ」の作成と農道改修

作業中に気づいた圃場の危険箇所を地図に書き込む「ヒヤリマップ」を作成し、危険箇所の共有を図っています。また、最近では小型バックホーを導入し、暇を見て進入路や農道等の改修工事を自前で行ない、大型機械に対応した作業環境安全の整備も進めています。

大きな機械事故もなく、修繕費も低減

このように、農作業安全策と一口に言ってもかなり経費（約100万円／年）の掛かるものですが、法人設立直後は経営的な余裕もなく、やっと7年前頃から徐々に実施できるようになってきたところです。その意味でも経営管理は重要であると言えます。

これらの取り組みにより、最近では大きな機械事故もなく、機械の修繕費も低減し、よい結果が出つつあります。農作業安全に掛かる費用はけっして惜しまず、さらに充実させる必要があると思います。若いオペレーターは組合の宝ですし、ひとたび人命におよぶ大事故を起こしたときは、当組合のような小さな法人はいっぺんに吹っ飛んでしまうからです。

（『現代農業』2016年1月号掲載）

税務と登記、2度の大失敗
——繰り返さないために

組合の経営を脅かした試練

よりもの郷を設立して10年の間、経営面積が小さいなかで、役員たちはただひたすら、いかに利益を出すかを考え、作付け品目の検討、コスト削減の努力、補助事業の活用などの工夫をしてきました。その結果、設立5年目頃から資金繰りもラクになり、農協からの短期借入をせずに運転資金が回るようになりました。そして念願の消費税課税事業者にもなりました。やはり消費税課税事業者になるくらいの売り上げ実績をもつことは、一人前の会社であるための最低ラインだと思います。

当組合の経営の歩みをまとめたのが左ページです。経営規模の拡大とともに、初歩的な営農組合の活動体制から経営計画にもとづく計画的な運営へ、また、後

よりもの郷の経営の歩み（設立後10年間のおもな取り組み）

<経営確立期>

2005年　6月に法人設立。この年に新規品目としてタマネギ栽培に取り組む
06年　補助事業で農機具格納庫、トラクタを導入。「玉ネギレディース」誕生
07年　新規品目として超早出しタマネギ（さらさら玉ちゃん）の試作に取り組む

<経営拡大期>

08年　転作作物として飼料稲（WCS）を導入。転作への重点化を図る
09年　白大豆から高付加価値の黒大豆へ転換し始める。資金繰りがラクになる
10年　「経営発展チャレンジ5カ年計画」を策定、補助事業でトラクタほか付属機械を導入

<経営拡充期>

12年　2人の常時雇用者を採用（うち1人は「農の雇用事業」で対応）。雇用保険・労災保険を整備。非組合員の認定農家が病気離農のためその経営を引き継ぐ
13年　1人の常時雇用者を追加（「農の雇用事業」で対応）、1人退職（作業不適応による希望退職）。もち加工所を設置しヨモギもち加工を始める。人・農地プラン認定
14年　1人の常時雇用者を追加（3人の常時雇用体制が確立）。理事1人交代。労働基準監督署の業務改善命令で専従者の職場健康診断を実施
15年　事務所を設置。来期より専従者の賃金を時給制から月給制にし、厚生年金、社会保険に加入することを理事会で決定。タマネギの面積拡大、隣接集落への農地の拡大を始める（裏作の期間借地）

経営の推移

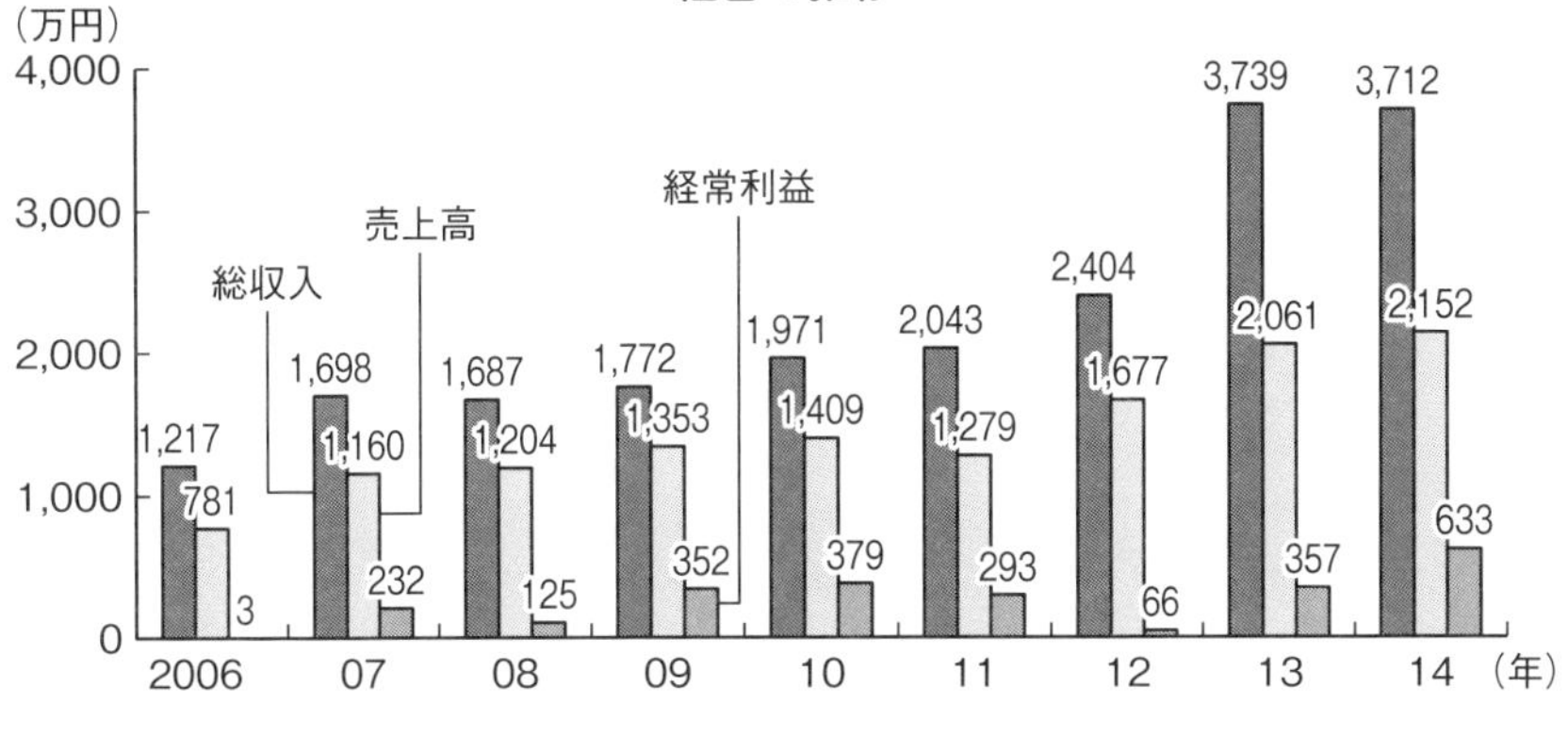

※総収入は交付金を入れたもの。売上高は農産物の販売金額
経営が安定するまでには3年かかった。その後は転作作物などに積極的に取り組み経営を拡大。前年に総収入が2,000万円を超えた2014年から常時雇用を開始した

継者を育成するなかで、不十分ながらも指揮命令系統の整った会社形式の組織へと、徐々に変化しつつあります。

これまでをふり返ることも兼ね、組合の経営を脅かした試練について列記します。

①2005、2006年：台風による米・大豆の減収で資金繰りの行き詰まり。役員内の意識の不一致で1人退任。

②2008年：青色申告の取り消し処分で税金増加。タマネギの腐敗で15t廃棄、それによる大赤字。

③2009年：役員の変更登記忘れによる裁判所の罰金処分。

④2010年：トレーラーへ積み込む際の転落事故でコンバイン廃棄、新たな資金投資。

⑤2012年：離農する認定農業者への経営支援負担で資金繰り悪化のため窮乏。

⑥2013年：汎用コンバイン横転事故（400万円の修理代）。干ばつによる米不作。主力オペレーターの病気・療養。常時雇用1人退職。

この中で、本当に心配したのが②と③の税務と登記に関する失敗です。税務や登記での失敗は、多くの農事組合法人が遭遇しかねないことだと思いますので、少し詳しく紹介します。

青色申告の取り消し処分

▼申告が1カ月遅れていた

当組合では設立当初から、簿記記帳、決算書の作成、法人税の申告を事務局が行なっていました。簿記記帳はソリマチ農業簿記ソフトを使い、部門別の管理や原価計算、経営分析まで行なっていました。そして法人税の申告も、個人経営のときに青色申告をしていたので参考書を読み、不明な点は税務署に尋ねながら行なっていました。しかし法人税の申告書は、個人事業のときの青色申告書とは雲泥の差があり、複雑で、とくに申告書以外に作成する別表資料が多くて大変でした。それでもどうにか作成して提出していました。

通常、個人事業者の申告は1月1日から12月31日までの会計期間で、翌年3月15日が提出期限となっています。しかし、法人の場合は会計期間を自由に設定できるため、当組合の場合は5月1日から翌年4月30日までを会計期間としています。いろいろな補助金や麦大豆の奨励金等が年度末の3月締めで4月に入金されるため、未収入金仕訳をしなくてもよいように年度の区切りから1カ月余裕をもてるようにしました。

この場合、法人税の申告期限は会計期間終了後2カ月以内となっていますので、6月中に申告書を提出しなければなりません。しかしこの時期は、麦の収穫、水稲の育苗、田植えの準備などで忙しく、ついつい遅れがちになって7月に提出していました。

▼税務署から突然届いた1通のハガキ

期限が過ぎていましたが、税務署に提出すると受付の担当官はニコニコしながら「大変お疲れさまでした」と笑顔で収受印を押してくれました。ですから、法人は提出期限が過ぎてもそれほどきびしく言われないのだなと思っていました。ところが、4期目の6月に税務署から1通のハガキが届きました。裏面には「貴組合は、青色申告事業者として不適格のため、今期より青色申告を取り消します」と書いてあります。

ビックリしてハガキを持って税務署に行き、なぜこのような通知が来たのかと尋ねると、「お宅の組合は過去3カ年、ずっと期限内の提出がなされていないので、青色申告事業者として不適格と判断して通知したのです」という返事でした。これまで提出したときには何も言わずニコニコして受け付けしてくれたではないか……。「なぜ期限内に提出しないと取り消し処分を受けると指導してくれなかったのか」と文句を言うと、「受付係はただ受け付けをするだけです」という冷たい返事で取り合ってくれませんでした。

▼手痛い税負担

取り消し処分を受けると2年間は青色申告ができず白色申告になります。税制の優遇措置は、青色申告事業者で期限内に提出した者にしか適用されません。青色申告ができないことは大きなペナルティーとなりました。

第一に赤字が出ても繰り越しができないため、次年度に黒字が出たとき、まともに所得税がかかります。第二に農業経営基盤強化準備金による利益の損金処理ができないため、経常利益が出るとまともに法人税がかかります。法人税がかかれば付随して法人住民税（市・県民税）の所得割が増加して、税負担がさらに大きくなります。

このときは、経営規模が少しずつ増加して経常利益が出始めていたので、青色申告ができなかった2年間は税負担も大きくなり、経営においてダメージとなりました。この手痛い失敗により、税務申告の期限を守ることがいかに大切であるかを痛感しました。

知らなかった役員の変更登記

▼裁判所からの罰金処分

農事組合法人は、最長でも3年に1回は役員改選をしなければなりません。ところが2008年当時は多くの指導者（普及指導員等）が、法人の役員は全員留任して変更がなければ「変更登記」（法人の登記事項内容を変更すること）は必要ないと思っていました。ほとんどの農事組合法人は、役員の交代があまりないのが普通です。

当組合も設立後3年目の役員改選で役員の交代がなかったのでそのままにし、6年後の2回目の改選で1人の役員交代があったので、変更登記をするために法務局に手続きに行きました。すると、1回目の役員改選後（全員留任）の変更登記をしていないことを指摘され、役員が留任した場合でも「重任」という変更登記をしなければならないことを初めて知りました。

さらに話をよく聞いてみると、変更登記には「重任（留任する場合）」「解任（辞めさせられる場合）」「就任（新しく理事になる場合）」「辞任（自己の都合で辞める場合）」があり、3年ごとの改選時には必ずいずれかの事由で変更登記が必要であることを知りました。

それで、まず1回目の改選時にさかのぼって「重任」の変更登記をし、次に2回目の改選時の「就任」の変更登記をしました。それから3カ月後、裁判所より罰金（3万円）の通知が来ました。これでよりもの郷は「前科一犯」となったのです。このとき、県下の多くの農事組合法人がこれで罰金を取られました。設立後ずっと役員の変更がないために、何期も変更登記をしていなかった場合は、罰金の額も大きくなり大変なことになります。

▼変更登記の手続きはすぐ覚えられる

また、変更登記は役員だけではなく出資金の増減があっても必要になります。これは会計年度の途中に何件あっても、決算して総会をした後にまとめて変更登記をすることができます。

出資金は通常、資本金になり課税対象収入にはなりません。しかし新たに組合員が加入して、その年に増額した出資金については変更登記をしていないと資本金とは認められず、収入になってしまいます（なお、出資金が増額したときは、税務申告のときに変更登記後の全事項証明書＝従来の登記簿謄本の添付が必要となります）。

役員の場合でも出資金の場合でも、変更登記の手続きは所定の事例様式があるので、1、2回やればすぐ覚えます。司法書士などに依頼すると3万〜5万円かかります。事務コストの低減につながりますので、専門家に依頼せず、自分でやってみるのもよいと思います。

▼法務局から2つのアドバイス

昨年、役員改選があり「重任」の変更登記の必要があったので、法務局の相談員に見てもらいました。そのときに、次のようなアドバイスをいただき、なるほどと思いました。

一つは、定款にある法人の所在地を組合長宅にしないこと。所在地を組合長宅にしておくと、高齢で組合長が交代したときなどに、そのつど臨時総会を開いて定款から変更しなければならなくなり面倒だからです。所在地は登記事項でもあるので変更登記も必要になってきます。現在、当組合の所在地は「宇佐市大字橋津360番地」（組合長宅）にしていますが、これを次回の総会のときに「宇佐市内」に変更したらいいのでは、と指摘されました。こうすれば組合長が代わっても臨時総会を開くなどの面倒な手続きをしなくてすむわけです。

もう一つは、定款にある役員の定数を限定せず「○人以内」という表現にして余裕をもたせること。こうしておくと、高齢の役員が急に亡くなったときでも、すぐ臨時総会を開いて補充しなくても対応できます。定款自体は、総会で条項を変更し、その議事録を原簿の末尾に添付しておけば簡単に変更できます。

このように、何も問題のないときに定款をよく見直して、所在地や役員定数などは総会で幅をもたせた表現に変えておくのはいい方法だと思います。多くの法人は農業会議等が発行した「農業法人の手引き」等からそのまま定款の事例を引用している場合が多いので、これらの指摘が該当するところも多いのではないでしょうか。

（『現代農業』2016年3月号掲載）

非組合員の離農者支援で資金繰り悪化！
——集落内の農地継承をどうするか

私はこれまで多くの集落営農の先進地視察に行きました。説明していただく組合長さんや事務局の方は、集落営農で成功した点を話し、失敗したことはあまり話さないのが普通です。またこちらが知りたい詳細な経営データを見せてもらえることはまずありません。本章では、少しでも法人化のよさと意義を知ってもらうために、法人経営の必要性と問題点について、失敗例を交えて紹介しています。法人化すれば、自動的に経営が発展し、担い手ができるわけではありません。そこには問題解決を図る役員たちのたゆまぬ努力が必要なのです。

前項では税務や登記に関する法的な失敗経験を述べましたが、もう一つ大きな試練を報告します。離農する非組合員の農家を支援したことにより資金繰りが悪化した、集落内の農地継承問題についてです。

農家の離農は突然やってくる

国は、1993年に制定された農業経営基盤強化促進法にもとづき、地域の担い手とする認定農業者制度を発足させ、指導の重点化を進めてきました。しかし最近は、認定農業者とは名ばかりの高齢農業者、兼業農業者がかなり多くなっていて、離農する農家が増加しています。

よりもの郷でも、2005年の法人設立時に「自分には後継者もいるので」と、法人に加入しなかったNさんという認定農業者がいました。その後、Nさんは運送会社に勤める長男と5・6haの水田で米・麦・大豆・野菜の経営をしていました。しかし作業の手が回らず、低収量、米価下落もあって経営状況が悪化、機械の更新もできなかったため、長男は農業をやめて本格的に長距離トラックの仕事に就きました。Nさんは持病もあり、その後体調を崩して2012年に離農することになりました。

農家の離農は、計画的離農はまれで、病気等をきっかけに突然やってきます。その場合、農地（小作農地、本人の自作農地）を誰に頼むか、残った機械をどう処分するかなどの問題が発生します。このときに農地の利用権設定による継承がうまくいかないと、他地区からの入り作が増え、集落のブロックローテーション（転作などの農地の利用調整）がうまくいかなくなることがよくあります。

予想はしていましたが、突然離農するという相談がNさんの息子さんからありました。組合としては、これまで地域で一緒に農業をやってきた仲間でもあるので、できるだけの支援をし、農地の経営継承を行ないたいと協議しました。それで2012年度は、次のような条件でNさんのすべての農地5・6haを組合が管理することにしました。

安心して離農してもらうための条件

①10a当たり1万1000円の管理料（組合員は1万円）で、組合が全農地での転作（大豆等）を引き受ける。
②収穫物は組合がもらい、転作奨励金（戦略作物助成：3万5000円／10a）全額と二毛作助成金（1万5000円／10a）の半分をNさんに支払う。
③2013年度に、Nさんの自作地、小作地をすべて組合に利用権設定してもらう。

この条件で、Nさんも息子さんも快諾しました。組合としては転作奨励金がないことは痛手ですが、その分は少しでも収穫物で補おうと必死で収量の向上に努めました。

これにより、Nさんには年末に、転作奨励金と二毛作助成金半額の合計238万円が支払われました。そこから管理料の61万6000円が差し引かれ、176万4000円が実質手取りとなり、それを農機具ローンの返済に充ててもらいました。さらに、トラクタはキャビン付きでなかったので、知り合いの中古販売店に少しでも高く買ってほしいと頼みました。農機具販売店は新車を購入するときは下取りをある程度高く設定しますが、中古農機をただ売却するときは安く買いたたくのが普通です。3年使用のまだ新しいコンバイン（3条刈り）は、中古販売店の査定額が80万円だったのですが、組合が時価評価額の140万円で買い取り、組合で活用することにしました。そして翌年の2013年度には、Nさんの自作地と小作地のすべてを組合に利用権設定し、無事農地を継承することができました。

さらにNさんには、離農にともなう国の助成金（経営転換協力金）がもらえるように手続きをしたので、Nさんは安心して離農し、平穏な療養生活を送れるようになりました。

もしも集落営農法人ではなく個人の大規模認定農業者であったなら、この身銭を切るような対応はできなかっただろうと思います。当組合の理事会で対応を検討したときは、Nさんがローンの整理などで自作地を売却し、他地区からの入り作が増えたら将来的に農地の利用調整がやりにくくなるかもしれないという恐れもあったので、組合の経理のできる範囲で支援しようということになったのです。

急な規模拡大で予想外の資金繰り悪化

このようにNさんの離農にともなう経営支援で、2012年度の組合の収支は、経常利益が240万円になる予定だったところが66万円に圧縮されました。Nさんは非組合員であってもこれまで一緒にやってきた仲間。定期総会では支援できてよかったと組合員のみなさんも理解してくれました。

ただし問題はここからでした。2013年度は経営規模が9・2haから15・6haに拡大し、労賃、肥料代、農薬費、諸材料費等の生産原価が一気に倍増しました。一方、面積が増加した分の収入は年末にしか入らないため、資金繰りがきわめて困難な状況に陥りました。

次ページの図の預金残高の推移からもわかるように、見る間に手持ち資金が底をつき、ひさしぶりに会計担当役員が養老生命共済保険の証書を担保に農協から短期借入をしなくてはならなくなりました（10ページ参照）。図のグラフでは、2013年9月の手持ち資金がゼロ、12月はマイナスになっています。これは短期借入をしなかった場合のデータで、実際は9月と11月の2回に分けて合計200万円の短期借入をして、なんとかしのぎました。

運転資金を確保しておくことの重要性を痛感

中小企業が甘い見通しで設備投資をし、計画どおりの売り上げを達成できずに倒産する経緯がよくわかりました。国は景気対策としてよく賃上げと設備投資を呼びかけますが、経営者側からすれば、それがどれほど大きなリスクになるのかと感じました。

しかし、麦・黒大豆を中心とした転作重点に経営転換してきた当組合は、12月過ぎにはかなり資金繰りが

預金残高の推移（月初めの残高）

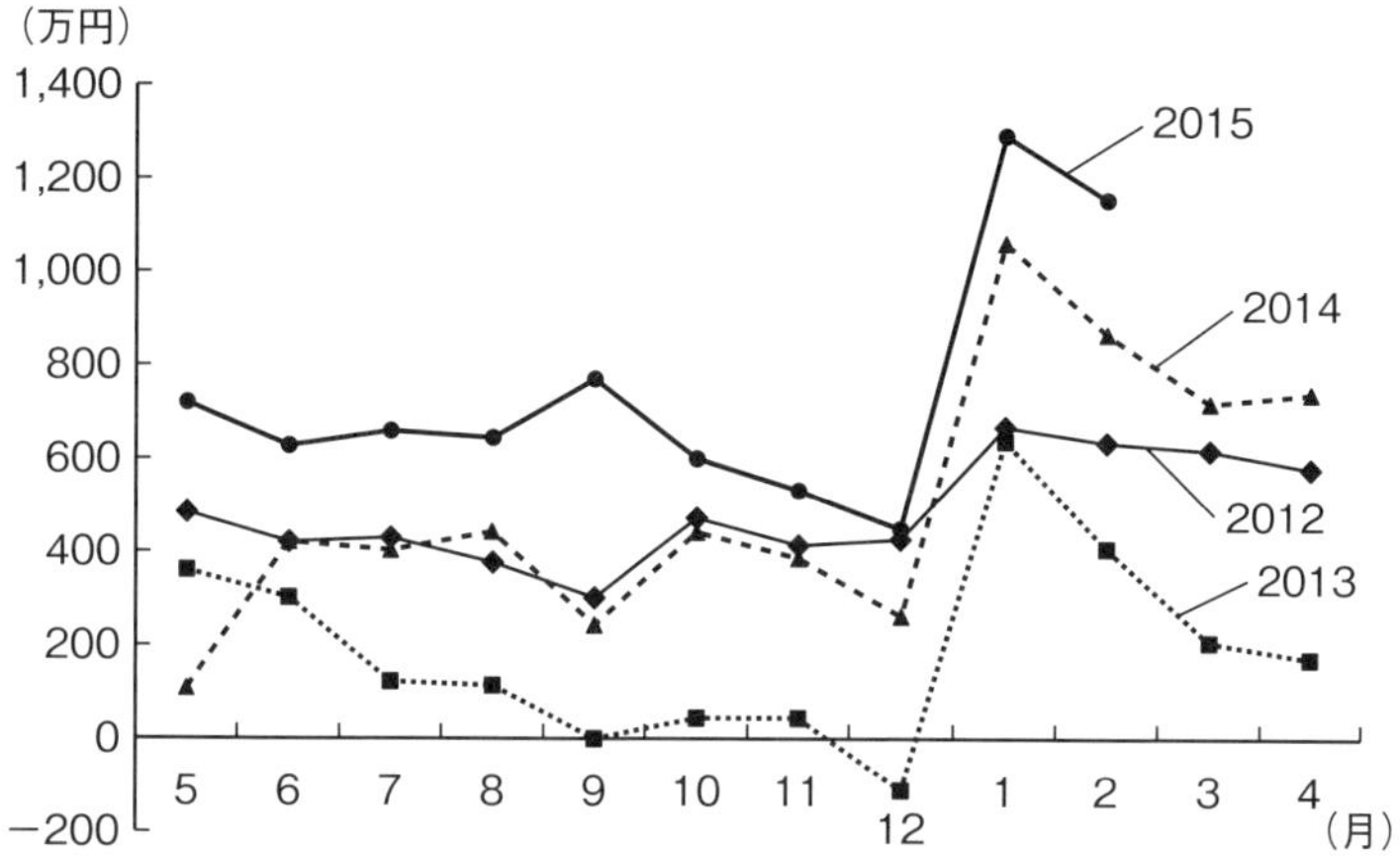

離農者への支援を行なった翌年の2013年は、手持ち資金不足と経営規模拡大にともなって9～12月にかけて資金繰りが悪化。農協より短期借入をしてなんとかしのいだ。12月に麦や転作関係の交付金が入って改善された

改善されました。米価は依然下落傾向でしたが、組合では米の生産は小作米と地域の保有米の生産に限定し、しかも集落内を中心とした信用販売なので一般相場より高く買ってもらえます（２０１５年産で７０００円／30kg玄米）。低米価の影響もなく資金繰りは順調に回復していき、２０１４年には通常の資金繰り水準に戻りました。そして面積を拡大したことにより、転作関係奨励金の増加、麦・大豆の販売額増加にともなって、２０１５年には手持ち資金を増やすことができました。

この経験から、水田農業の経営規模拡大は徐々に行なっていかないと、資金繰りが苦しくなる時期があることがよくわかりました。しかし、農家の離農は今回のように突然やってきます。日頃から農業経営基盤強化準備金制度を使って、運転資金の内部留保を十分に蓄えておく必要があることをつくづく感じました。

交付金依存からの脱却をどうするか

当組合の大きな経営目標の一つが、国の交付金に頼らない自立型経営の確立です。そのために一般大豆から交付金のない黒大豆やタマネギを拡大してきまし

農地の利用率を上げるために取り組んでいる裏作麦の播種。これは従来のドリルシーダーを使った平ウネ栽培。排水対策が不十分で湿害が出やすかった

現在はシーディングロータリという機械を使ったウネ立て栽培方式を導入。これで収量が安定した

た。しかしまだまだ転作関係奨励金（戦略作物助成、二毛作助成等）に依存している状態です。この交付金は作付けした時点で見込み収入額が確定できるので、野菜の売り上げのようにそのときの市場相場で大きく変化せず、資金繰りを考えるうえでは確実な予想が立てられるというメリットがあります。現状の経営対策にはなくてはならないものなのです。

しかし国の財政状況を考えると、いつまでもこの交付水準が続くとも思えません。早く農産物の売り上げ、作業受託収入等の農業本来の営業売り上げだけでやっていけるよう、経営の確立を急がねばと役員たちはいつも思っています。

ここ九州の平野地域は、関東以北や中山間地域の米単作地域と違い、二毛作によって農地の利用率を上げ、水田農業で収益性を向上させることができるメリットがあります。私たちの集落でも、組合ができる前、２人の認定農業者と個々の兼業農家が細々とやっていたときは、農地の利用率は１３０％程度でしたが、組合ができて一気に２００％になりました。今でも法人組織のない近隣集落の農地利用率は１１０～１４０％程度。いかに法人組織が、地域を活性化させるかがわかります。

一般企業では、投資資産（工場、施設、労働力等）の操業率をいかに高めるかが重要な経営要素であるのと同様に、農業では農地の利用率を最大限に高めることが経営改善の基本条件になると思います。

認定農業者の高齢化が急速に進んでいますので、離農する農家の農地継承問題は、地域農業を維持するうえでの重要な課題となります。離農した農家の受け皿としても、地元の農事組合法人は大きな役割と期待を担っています。役員たちも高齢化していますが、組合の後継者も育成しながら、足腰の強い法人経営にしていかなければと意気込んでいます。

（『現代農業』２０１６年４月号掲載）

合意形成は大変だというけれど――集落営農は気軽に始めればいい

これまで、農事組合法人の経営や運営の進め方を多くの失敗事例を交えて説明してきました。ここでは現場がもっとも苦労している設立時の合意形成の進め方について説明します。

当集落は、それまで何も組織がなかったところに一気によりもの郷を立ち上げました。しかも最初の全員説明会からわずか１００日で立ち上げることができました。そのうえ、兼業農家に認定農業者も加わっての組織です。どうしてそのように簡単に法人化できたのか、その経過を説明します。

合意形成に時間はかけていられない

これまでの、普及指導員等の集落営農に対する考え方は、先進事例のデータを示し、集落のほとんどの人を説得しながら集落営農組織をつくるというものでした。そのために核となるリーダーとその援助者のサブリーダーを見つけ、「○○集落の将来を考える会」のような組織をつくり、何度も話し合いをしながら徐々に反対者を説得。農地はできるだけ組合に利用権設定し、個人所有の機械は売却して新たに補助事業で大型機械を一式新規導入し、共同で利用していくというやり方がセオリーと考えられてきました。それは、先進地の組織が圃場整備事業をきっかけに設立されてきた事例が多かったからです。

しかし、そのために何十回も役員会を開き、3年も4年もかけて組織化したという組合長の苦労話をよく聞きます。しかし、そんなやり方では間に合わないし、そんなエネルギーを使っていたら簡単に法人化はできないだろうと思いました。そこでむずかしく考えず、やりたい人たちで、自分たちの受け入れやすい方法で法人をつくればよいのではないかとシンプルに考え、次のように進めていきました。

過半数の同意で法人設立を決定

あらかじめ法人化に同意できそうな耕作者数名で設立に向けた下話をし、区長に地権者全員（65人）を集めてもらい、全員説明会を開いて現状の集落の問題や将来の危機について説明しました。高齢者が多いので、パワーポイントの画像を使って10年後に70歳以上になる人がどれくらいいるかなどをグラフでわかりやすく説明しました。そして2回目の説明会で、営農組合の設立に賛成かどうかを問いかけたところ、過半数の賛同が得られたので、この時点で法人設立を決定し、その場で法人の設立総会の日程を報告し了承を得ました。日程を決めれば、発起人はそれに向けて話を進めなければならない責任が生じるからです。

集落内で合意を図ったのは、これから設立する組合は、一部の耕作者が自分たちの利益のためだけにつくるのではなく集落のためにつくるのだから、協力してほしいという意志確認をするためのものでした。法人の経営が行き詰まったらどうするのかとの意見もありましたが、そのときは法人を一時休眠するか解散すればよいのではないかと簡単に考えることにしました。

法人化したい人で短期集中検討

過半数が法人化に賛成しても、みんなが出資して法人に参加するとは限りません。ですから、反対者にはムダな説得はせず法人化に賛同できる人たちだけで役員の仲間づくりをしていきました。発起人として集まったのは13人。1、2週間に1回のペースで議論を重ねました。

兼業農家の私が、そのなかで最初、認定農業者のAさんに「私は機械も農地も全部組合に出すので、Aさんも全部出してくれませんか」と言ったところ、「あなたは給料でメシを食っているだろう。農業でメシを食っている私がすべて組合に出して、組合のオペレーターとして働いてもどれほどの収入になるのか？　まして経営がうまくいく保証はどこにあるのか？」と言われました。言われてみればたしかにそうだと思い、認定農業者のAさんには農地を少し利用権設定してもらうだけで、これまでどおり自分の経営を続けてもらうことにしました。

組合員が草刈り作業をした後に

このようにそれぞれが意見を出し合いながら、およそ2カ月で大枠の仕組みを決めていきました。

農地の利用権設定はできる人だけで

法人化でよく問題になるのは農地の利用権設定です。先ほどの認定農業者だけでなく、兼業農家からも自分の田でできた米を食べたいという意見が多くありました。そのため、最初から無理に利用権設定を求めずに、自分でできるまで耕作し、つくれなくなったら組合が利用権設定して引き受けるようにしました。兼業農家は5年もすれば多くの人がつくれなくなり、組合に自然に農地は集まるだろうと予想していたからです（結果はやがてそうなりました）。しかも、組合としては圃場整備のできていない田を小作料を払って借りるより、育苗、田植え等の作業受託のほうが利益率が高いと考えたからです。高齢で利用権設定を理解できない人にはヤミ小作で対応しました。

さらに、認定農業者に貸していた地権者の中には、農地の管理が悪いため組合ができたら組合に預け替えた

100日で法人設立できた過程

＜2005年＞

2月19日	第1回全員説明会（集落営農の取り組みに関する説明）
3月 5日	第2回全員説明会（地権者に組合設立の賛同を得る）
19日	第3回全員説明会（発起人会の設立、13人の発起人を選定、承認）
26日	第1回発起人会（出資基準額の決定、10ａ2万円）
4月 8日	第2回発起人会（組合員加入者および出資額のとりまとめ）
16日	第3回発起人会（出資金の検討、役員体制の検討）
30日	第4回発起人会（役員の選任、理事8人、幹事1人、法人名称の決定）
5月 7日	第1回理事会（理事の役割分担の決定、定款および事業計画の検討）
13日	第2回理事会（経営確立5カ年計画の協議）
14日	第4回全員説明会（組合設立までの経過について地権者全員に説明）
21日	**(農) 橋津営農組合よりもの郷設立総会**

（設立後の事務手続き）

6月13日	設立登記完了（役員ですべて手続きし、費用はたった2万5,000円）
7月31日	農業生産法人の認定（農業委員会）
10月12日	認定農業者の認定（宇佐市）
11月 9日	特定農業法人の認定（宇佐市）

いという人もいましたが、認定農業者の経営保全（貸しはがしをさせない）への配慮から、耕作者の了解がなければ組合は引き受けないようにし、地権者のわがままは聞きませんでした。そのため設立時に集まった農地はわずか4・7ha（集落全体の農地は24・5ha）。しかも条件の悪い田ばかりでした。

農機は中古価格で買い上げて活用

次の問題は、組合の田を管理するための農機具でした。考えたのは、農家が保有する機械を組合が中古査定して買い上げることです。査定は農協の農機センターの職員である当組合の理事が行ない、全員が査定額に文句を言わないと申し合わせました。そのときの条件は、次のように工夫しました。

①機械を出した人は、自分が耕作する水田、畑の作業には無料で自由に使え、機械の修理はすべて組合が負担する。自分の出した機械が廃棄になった後は組合の機械を一生、自由にしかも無償で使用できる。

②大規模農家のトラクタ、コンバインは自家使用が多いので査定額の2分の1で買い上げ、修理代も組合と大規模農家で2分の1ずつ負担する。

このような優遇条件で買い上げる代わりに、代金の支払いは8年の分割払いにしてもらいました。その結果、組合員は喜んで機械を売却。組合は、新しく揃えると2600万円相当の農機（トラクタ6台、コンバイン2台、田植え機2台ほか各種作業機）を460万円で購入し、初期投資の負担を少なくすることができました。

また、新規の大型機械の購入については、補助事業を使い認定農業者と組合が折半するかたちで費用を負担しながら導入しました。双方の投資負担が軽減でき、機械の稼働率も向上できるからです。

当初は「こんな好条件で買い上げても……」という意見がありましたが、面積の小さい兼業農家が一生懸命トラクタを使っても、年間の使用時間はたかが知れています。機械の寿命より人間の寿命のほうが先にくることは予想できたので、このような優遇条件にしたのです。実際、3年後から少しずつ自作地での農業をやめて組合の作業に参加する兼業農家が増えてきました。

出資金は各人の出せる額で

出資金の徴収については経営5カ年計画にもとづき、初年目の運営に必要な出資金を確保するため、その目的と組合脱退時には返金されることをよく説明しながら、発起人2人1組で戸別訪問して出資をお願いしました。1口1万円で10ａ2口（2万円）としましたが、実際に徴収する際は、個別事情を考慮しました。とくに蓄えの少ない年金生活の高齢者などには配慮し、面積にかかわらず1口だけでも了解しました。

誰がいくら出資したかはごく一部の人しか知らず、発起人会では「組合員はみんな気持ちよく出資してくれました」と報告されました。しかし、その時点で集まったのは270万円。目標の350万円に達していませんでした。さてどうするかと考えたとき、発起人の1人が「オレは条件の悪い田を出して組合に迷惑をかけるから、もう10万円余分に出す」と言ってくれ、すると他の発起人たちが「それなら私も」と続いて、一晩のうちに350万円が集まりスタートできました。

設立時は様子見で加入しなかった人も、その後加入したくなったときには条件をつけずに自由に加入できるようにしました。5年後に多くの人が加入してくれればいいと考えたからですが、実際、そのようになりました。

認定農業者への配慮も大切

法人化するときにむずかしいのは、農業で生活する認定農業者の所得をいかに維持するかということです。そのため認定農業者には、少しの面積を組合に利用権設定してもらい、これまでどおりに転作奨励金等も確保できるようにし、認定農業者の小作農地は、地主の依頼があっても本人の了解がなければ組合では引き受けないようにしました。また、組合が生産する米・麦の乾燥調製は認定農業者のミニライスセンターに委託し、本人の所得確保を配慮することによって、認定農業者も組合に加入しやすくしました。

このようにして、㈱農橋津営農組合よりもの郷は、まったく何もなかったところから、話し合いを始めてわずか100日という短期間で設立できたのです。

法人化は簡単にできる

これまでの研究者や普及指導員の考え方は、最初からほぼ完全なかたちで法人をつくるというものでしたが、当組合は視点を変え、まずはやりたい人たちだけで法人を立ち上げ、それ以外の人はつくれるまで米をつくり、つくれなくなったら組合に利用権設定してもらうというものです。そして、出資金はそれぞれが出せる額にして、法人の実績を見せながら組合員数や利用権設定面積を増やし、5年計画で目標とする法人経営をつくり上げればよい――そんな農家の意向に沿った無理のない自然なかたちであれば、こんなにも法人は簡単にできるのだと実感しました。

ただし設立後は、前項までで述べてきたように、経営規模が小さいために多くの苦労もありました。しかし、当初予想していたように組合員は高齢化し、農地はほとんど組合に集まりました。そして今では耕作放棄地がなくなり、タマネギ栽培やヨモギもち加工なども始まり、以前の集落では考えられなかったことが次々に実現しました。さらに若者の専従者雇用もできています。

よりもの郷は、誰にでも簡単にできる法人化手法でできた即席法人で、いわば大衆車カローラのような組合です。しかし、目標は高級車クラウン。そうでなければ若者はついてきません。若者も女性も高齢者も楽しく働き続けられるのが農事組合法人のめざすべきところです。そんな集落をつくるべく、次なる夢に向かって今後もチャレンジは続きます。TPPという津波が押し寄せてくるかもしれませんが、故郷を、そして自分たちの経営を守るためにもぜひ頑張っていきたいと思います。

(『現代農業』2016年5月号掲載)

集落営農のこれからの可能性

耕作放棄田がどんどん増えていく

大分県には約4万2000haの水田があり、そのうちの65%が中山間地域で、毎年約350haの水田が耕作放棄されています(小さな町村一つ分の農地です)。宇佐市内を歩き回ると、山間部では耕作放棄されイノシシの遊び場となってしまった圃場をよく目にします。知り合いの中古農機販売業者がよくお買い得情報を持ってきますが、その理由を尋ねると、ほとんどの農機が病気で農業ができなくなったり不慮の事故・病気で亡くなったりして離農した農家のものです。それも5〜8ha規模の中規模農家の大型機械が多く、後継者のいない農家の離農ラッシュが始まっているのだと実感します。

これまで、よりもの郷をモデルに、ほとんどが兼業

筆者。よりもの郷事務局長

農家の集落がわずか4・7haの小規模からスタートして法人化し、法人役員や地域の協力で多くの課題を克服しながら、10年かけてやっと県の平均規模の法人へと成長し、若い担い手を常時雇用できるまでの過程を述べてきました。

一般企業の経営改善に用いられる経営戦略手法にＰｌａｎ（計画）―Ｄｏ（実践）―Ｃｈｅｃｋ（確認・評価）―Ａｃｔｉｏｎ（行動）サイクルというものがあります。このＰＤＣＡサイクルの考え方は、農業経営においても非常に重要なもので、経営は現状維持にとどまらず、つねに生産工程や販売方法を見直し新技術を取り入れ、新たな部門への可能性に向けて先行投資をしていかなければ、政策の転換や交付金の減少等の経営環境の変化の中でジワジワと衰退してしまいます。

よりもの郷も、やっとできた3人の担い手を中心とした経営発展チャレンジの第2ステージを迎えています。そこで、これからの組合の将来展望も含めた水田農業の可能性について述べたいと思います。

あなたはあと何回米がつくれますか？

米の概算金が５２００円／玄米30kg（1等）まで下がっても稲作農家は米への執着があります。しかし農産物を販売している農家の平均年齢は65歳を超えています。本県でも5ha以上の稲作農家は、70歳を超えると確実な後継者がいなければそれ以上の規模拡大と機械投資はやめて、引退に向けた準備に入る農家がたくさんいます。しかし、農業のやめ際を判断するのはなかなかむずかしいことで、多くの農家が突然の事故や病気でやむなくやめる事例が多く見受けられます。

このような場合、農機具ローン等の多くの借金を抱えて苦労し、個人経営の無力さを感じます。しかし地域に農事組合法人があり、農地も機械もスムーズに引き受けてくれる体制があれば、個人農家も安心してやれるところまで精一杯農業を頑張れるでしょう。70歳の農家はどんなに強健な人でもあと何回もは米はつくれないのです。しかし、法人組織があれば、足腰が元気なうちは組合の役員や作業員として生きがいをもって農業に携わることができます。

米だけつくって利益を出せますか？

多くの農家は青色申告のためだけに必死で簿記記帳を行なっています。でも、簿記記帳はとても重要な経営管理であることも再認識する必要があります。ある程度の簿記管理をして、わが家の米・麦・大豆のおおよその生産原価がどれだけかを把握することが重要です。とくに麦・大豆の収入の8割は国からの交付金であり、交付金は財政事情によって制度が変われば大きく変化します。将来のためにも交付金依存率を引き下げる自助努力が必要です。

そのためにも米・麦・大豆を中心とした水田農業の経営改善にとっては、いかに水田を効率的に、かつ高度利用するかが重要です。最低でも200%の利用率を達成する必要があります。そして反収の向上に努めます。まだまだ米単作のところが多く見られますが、これではとうてい利益を出せるはずがありません。米60

4月上旬の集落内の田んぼ。すべて麦が植えられている。裸地は一つもない

組合の宝である後継者がタマネギの防除をしているところ

kg当たりの生産原価を1万円以下にできなければ米をつくる意味はあまりありません。昔つくっていた裏作物（麦、野菜、飼料作物等）を見直し、西南暖地の二毛作のメリットにもっと目を向けるべきです。

また、平坦地域では畦畔除去による圃場の大区画化（自分たちでできるせまち直し）を積極的に進め、大型機械に対応した作業効率の向上を図ることが重要です。そのためにも地権者との信頼関係を普段から築き、畦畔除去の合意が容易にできるようにしておく必要があります。

中山間地域では、平坦地域のような合理化はしにくいかもしれません。それでも中山間地域等直接支払制度を有効に活用し、機械化と組合組織による共同利用体制を整備して、その地域でできる最大限のコスト低減対策を考える必要があります。今こそ、集落ぐるみで農地の利用調整による低コスト高収量水田農業の実現に向けた取り組みが必要だと思います。

立派な樹園地は誰が引き継ぐのか？

最近は宇佐市内のあちこちで、ブドウ、ナシ、カンキツなどといった樹園地の廃園化を目にします。何十年もかけて育成した立派な樹園地が、経営主の病気によるリタイアで廃園化しているのです。果樹園は、水田のように利用権設定をして近隣の果樹農家が引き受けるという事例はなく、ほとんどは樹が切り倒されて廃園になっていきます。

農家は作業委託ができればまだ続けたいと思っているのです。このようなとき、近くに法人があれば、その果樹農家を法人の技術指導者として雇用して、園地の管理はメンバーがすることで、立派な果樹園を経営継承することができると私は思います。法人のもつ作業労働力と果樹農家の管理技術のノウハウをうまくコラボして法人経営の多角化に結びつければ、安全かつラクに法人の経営拡大が可能になります。

法人も常時雇用者の周年作業体系の確立のため、また経営安定化のために、米・麦・大豆部門以外に果樹や野菜やシイタケ、場合によっては畜産も取り入れた多角化を図りたいと考えますが、労働力はあってもその技術を指導する経験者がいないため、取り組めないといったことがよくあります。しかし周囲には、高齢のためにやめていく果樹や野菜の篤農家もたくさんいるのです。そのような人にハウス等の施設とともに法人経営に参加してもらえれば、法人としても願ったり叶ったりです。篤農家は法人の中で農業を続けられ、培った技術を若い作業員に伝承することができ、法人は少ないリスクで容易に新規部門に取り組むことができるのです。篤農家の栽培管理技術は貴重な地域資源の一つともいえます。

よりもの郷では、まったく技術のないところからタマネギ栽培を始めたため技術確立に7年を要し、何度も失敗を重ねました。その苦い経験から、とくにこのように考えるのです。

イノシシ対策としての水田放牧の可能性

よりもの郷で管理している農地にも、山際の一区画（70a）にイノシシやシカの常襲地となっているところがあります。電気牧柵を張っても侵入してきて麦や大豆が食害され、いつも収穫皆無の状態になるので、最近はイノシシの遊び場として開放しています。できればここに牛を放牧したいとつねづね考えています。

しかし、集落には牛を飼ったことがある人がいなくなり、今では誰も牛の飼い方がわかりません。そのため牛を飼える人材を探しています。

中山間地域の水田はその地形の悪さと高齢化で急速に荒廃が進んでいます。最近注目され始めたこのような水田放牧技術は、中山間地域の荒廃化防止対策の一つとして期待できると思います。しかし、それだけでは農業経営が成り立ちません。採算性のない経営はやがて行き詰まります。このような条件不利地域では、施設野菜やシイタケ、加工等の基幹部門と水田放牧のセットで活路が見出せるのではないかと思っています。その場合も、法人化して多くの人との共同経営にしないと乗り切ることはできないでしょう。これまで個人経営でやってきて行き詰まっているのですから。

水田農業を基盤にした六次産業化の可能性

よりもの郷は、2016年より本格的にヨモギもちの加工に取り組み始めました。1パック（100gのヨモギもち3個入り）350円で道の駅等で週末に販売していて、最近はだいぶ顧客もついてきました。

当組合のヨモギもちの特徴は、①100％自社産もち米（新米）を使用、②100％野山で採取したヨモギを使用、③地元の和菓子店が推薦するあんこを使用していることで、風味がよく食べて詰まらないとのことです。製造原価が約60％かかり、利益率はあまり高くありませんが、もち米を自社生産しているのでその分他業者との競争力がもてます。

うるち米からもち米に切り替え、それをもち加工・販売に振り向けていく六次産業化は魅力があると思います。また、これまで米・麦・大豆の生産販売だけでやってきましたが、大豆も交付金ゼロの黒大豆に切り替え、今年から黒大豆のエダマメ販売にも力を入れていく予定です。

六次産業化はそう甘くはなく、つねにしっかり主力部門の経営確立をしながら慎重に六次部門を拡大していかなければならないでしょう。しかし、六次産業化は小規模でも作業員のモチベーションが上がり、経営はもっと面白くなると思います。

よりもの郷のこれから

当組合では現在、3人の若者を担い手として育てていくプロジェクトに取り組んでいます。彼らは貴重な組合の宝です。2016年5月からは時給制から給与制にし、雇用保険、労災保険に加えて、もっとも重要な厚生年金、社会保険を整備するようにしました。これにより彼らのやる気はいっそう高まっています。

組合の収入向上対策として第二次経営発展チャレンジ計画では、野菜(タマネギ)の拡大、ハウス導入による小物野菜の周年栽培の検討、近隣集落への積極的な作業受託拡大に取り組む予定です。最近では隣の集落からの裏作麦の期間借地や農地の利用権設定希望も出始めました。これから5年間で経営面積30ha、総収入6000万円、交付金依存率25%を目標に地道に努力していきます(現状の依存率は45%)。

若者も女性も高齢者も楽しく働けるのが農事組合法人です。よりもの郷の新たな夢はこれからも広がります。

(『現代農業』2016年7月号掲載)

PART 2

世代交代、後継者育成をどうするか

(農)須磨谷農場で集落ビジョンをつくるために行なったワークショップ。みんなで意見を出し合い、将来の夢を発表

1

世代交代に行き詰まっているところは、まずリーダーの仕事の洗い出しを

（大分県東部振興局農山漁村振興部　畑中一広）

設立10年になる法人組織が多い

大分県では、水田農業・集落の担い手対策として、集落営農組織の設立をすすめています。2015年度末現在で集落営農組織609、うち法人タイプが207組織設立されています。とくに法人組織は、国の施策である品目横断的施策の導入にあわせ、2006年度頃を中心に数多く設立され、これらの組織の多くが設立10年目を迎えています。

集落営農組織が抱える課題は、これまで「法人化する」→「栽培管理体制をつくる」→「経営収支を安定させる」→「組合の後継者を育てる」と、年数の経過にともなって変化してきました。これらの課題を的確に把握するため、県では県内全法人を対象とした「法人経営アンケート調査」を2年に1度実施しています。

リーダーがすべてを背負ってしまうことが問題

2014年7月に実施したアンケートの分析結果を全法人に郵送したところ、ある法人事務局長から、「アンケート結果では、組合長が高齢化し後継者もいないことが課題になっている。うちの組織でも私（事務局長）に仕事が集中しすぎて、もうてんてこまいだ。他の理事も手伝ってくれない。こんな状態では私の後継ぎができるわけがない。事務局長の後継者こそ早く育てなければならない。仕事の役割分担がちゃんとできている調査事例はないだろうか」と、悲痛な叫びにも似た電話がかかってきました。

じつは、県内にはこのようにリーダー（組合長、事務局長など）1人が、法人の事務や労力の手配、作業

計画の作成、補助金の申請作業など、数役の業務をこなしているという組織が多いのが実態です。大分県集落営農法人会の委員会でも「毎月の理事会では、私が提案する資料がそのまま意見もなく承認される。農作業をするときも、圃場にみな集まっているのに私が行かなければ何も始まらない。なにもかも組合長次第」というある組合長の発言に、他の委員のみなさんも「うんうん」とうなずいていました。これが法人運営の実情です。このような疲れた姿を見せるリーダーを見て、「私が後継者になろう」と思う人がはたして現われるでしょうか。

この5年間、県外の先進集落営農法人を多く訪ね歩き、「いかにして組織の分業体制をつくり上げてきましたか?」と問いかけてきましたが、明確な返答やどこでも使えるシステムに巡り合うことはできませんでした。人をうまく使う卓越した能力をもつリーダーの個人的な「力」によるところがほとんどでした。

組織は分業（作業分担）するためにある

このような中、中小企業の経営戦略論が専門である別府大学国際経営学部の森宗一講師に相談したところ、「組織の本質は分業（作業分担）です。そのためには仕事の洗い出しから始めましょう」とアドバイスをいただきました。これは、企業の経営改善の手法として一般的に行なわれており、業務を具体的に書き出し、それぞれを分類。無駄がないか、偏りがないか、適正な業務の振り分けになっているかなどをチェックし、業務を適切に配分して仕事の効率を上げていくということを目的としたものです。

さっそく、知り合いのA法人に調査を依頼し、森さん、法人担当の普及指導員と一緒にD事務局長を訪ねました。調査は、表1（54ページ）の様式を使い、「日々の仕事はどんなこと?」「週単位の仕事は?」、さらに月単位、年単位と分けて聞きながら、業務の内容とおおまかな労働時間をその場で聞き取りました。業務が一部役員に集中していることをあぶり出すことを主目的としていたため、ある程度おおざっぱな聞き取りでしたが、これを持ち帰って取りまとめ、労働時間を集計した後、D事務局長に再確認してもらいました。

どの組織にも共通していえますが、オペレーター作業など圃場での作業については、正確な日誌にもとづく労賃が「従事分量配当」として支払われています。一方で、おもに役員が担う事務・会計処理など農作業以外のさまざまな業務に対する対価は「役員手当」等に

表1　仕事の洗い出し調査表（A法人の調査例）

毎日の仕事（週5日）				週単位の仕事				月単位の仕事			
分類	仕事内容	担当	所要時間（1日当たり）	分類	仕事内容	担当	所要時間（週当たり）	分類	仕事内容	担当	所要時間（月当たり）
労務	作業日誌入力、作業員手配	組合長	1	会計	入金・出金	事務局長	0.35	会議	理事会出席	組合長	3
作付け	作業計画打ち合わせ	組合長	0.5	作付け	圃場見回り	事務局長	1	会議	理事会出席	理事	3
作付け	作業計画打ち合わせ	事務局長	0.5					会議	理事会出席	事務局長	3
会計	会計処理	事務局長	0.25					会議準備	理事会準備	事務局長	10
								会議準備	理事会準備（資料作成）	事務局長	5
								事務	資材購入	事務局長	4
								作付け	作業指示書作成	事務局長	0.5
								販売	販売方法検討	事務局長	1
役員別年間労働時間	組合長		390（約49日）								36（約5日）
	事務局長		195（約24日）				70（約9日）				282（約35日）
	理事										36（約5日）

法人の業務（事務仕事）を毎日、週単位、月単位ごとに分け、担当者ごとにそれぞれの所要時間を洗い出したもの。A法人の場合は組合長と事務局長に業務が集中している

すべて含まれており、実際の働きに見合う労賃が支払われていないケースが多いようです。

作業分担できていない法人とできている法人

A法人の調査結果のまとめ（次ページの図1）を見ても、農作業以外の法人運営にかかる業務時間が、役員合計で1281時間。これに対する総報酬は48万円と、満足できる対価とはとても思えません。また、理事が8人いるなか、D事務局長が1281時間中733時間と全体の57％を占めており、業務量が極端に集中しています。事務局長の業務を聞き取ると、「補助金の申請事務」「日々の会計入力作業」「作業計画のための圃場巡

図1　事務作業の「集中型法人（A）」と「分担型法人（B）」の比較

A法人（2006年設立、米・麦・大豆中心、集積17ha）

役職	業務分担	年間労働時間	年間事務労賃総額（円）	内訳（円）		
				役員報酬	手当	事務労賃
組合長	作業員手配、機械整備、会議参加等	483	8万	4万	4万	－
事務局長	会計、事務全般、圃場巡回等	733	38万	2万	6万	30万
理事（6人）	理事会、研修会出席	65	2万	2万	－	－
合　計		1,281	48万	8万	10万	30万

①事務局長に業務が集中している（全体の57%）
②労働に見合う対価が支払われていない（必要額の37%）
　※当組合の時給は1,000円〔48万円／（1,281時間×1,000円）〕

このままだと……

事務局長の後継者が見つからず、組織の継続が困難に！

どうする？

①事務局長の業務を各理事に分散する
②労働に見合う対価を確保する（せめて、必要額の8割、100万円程度は…）

B法人（2005年設立、米・麦・大豆中心、集積18ha）

役職	業務分担	年間労働時間	年間事務労賃総額（円）	内訳（円）		
				役員報酬	手当	事務労賃
組合長	理事会参加、視察対応	34	7万	7万	－	－
理事（総務・企画）	予算・決算、理事会準備、事務全般	435	39万9,000	5万	14万4,000	20万5,000
理事（作業労務①）	作業分担、作業員手配	63	17万	5万	12万	－
理事（作業労務②）	機械保守・管理	120	5万	5万	－	－
理事（会計）	作業時間集計、販売物集金、源泉徴収事務	211	17万3,000	5万	12万	3,000
理事の妻（会計補佐）	日々の入出金、通帳管理	180	12万	－	12万	－
理事（総務、加工）	免税軽油事務、総会準備	70	5,000	－	－	5,000
理事（加工）	安全衛生研修参加	28	0	－	－	
合　計		1,141	98万7,000	27万	50万4,000	21万3,000

①理事の間で業務の分担ができている
②労働に見合う対価がおおむね確保されている（必要額の96%）
　※当組合の時給は900円〔98万7,000円／（1,141時間×900円）〕
③各理事から事務労賃の自己申告はほとんどない。労働に見合う賃金がおおむね確保されているためと推測される

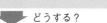

表2　B法人の「理事等の役割分担」（2014年7月1日現在）

担当	業務内容	備考
組合長（代表理事）	①組合の総括管理 ②視察、関係機関等の会議対応	1人
総務・企画担当理事	①組合の年度の事業計画の作成と各事業ごとの企画運営、進行管理 ・集落行事（草刈り、溝掃除、祭り等への参加） ・もちつき、エダマメ刈り、加工等への取り組み企画 ②作業計画書の作成管理、予算計画管理 ③農産物等の販売促進、商品開発、販路開拓 ④機械・施設更新計画の作成および取得等の管理 ⑤関係機関への届け出、手続き（利用権設定、転作等） ⑥組合員の福利厚生（労災保険、雇用保険、懇親会等の福利厚生、視察等） ⑦総会に関する企画運営（準備、役員の選任等）	3人
作業労務担当理事	①作付け計画の作成 ②月別作業計画の作成 ③作業委託、保有米希望の取りまとめ ④作業分担、オペレーターの手配 ⑤肥料・農薬、諸資材の注文と在庫管理 ⑥圃場管理の指示 ⑦機械の保守管理	4人
会計事務担当理事	①日々の入出金事務と通帳管理 ②毎月の作業者の作業時間集計と賃金支払い事務 ③給与の源泉徴収、労災保険徴収事務 ④農産物販売、作業受託料金の管理と集金管理 ⑤予算執行、複式簿記管理と法人税申告	2人

回」「関係機関との打ち合わせ」など、会計、事務、作業計画づくり等、幅広い業務となっています。

業務量は多く、それに対する対価も満足ではない。これでは後継者育成は望むべくもありません。

翌週、A法人とほぼ同規模（利用権設定10ha、作業受託8ha）のB法人で同様に業務の洗い出し調査を実施しました。B法人はここ数年間で担当者制度をつくり上げ、細かな事務分掌も作成しています（上の表2）。

設立当時は事務局長に業務が集中していましたが、現在では各役員がストレスなく仕事を行なえているとのこと。図1（55ページ）にあるように、事務をおもに担当している8名の労働時間合計は1141時間、これに対する報酬は、手当や事務労賃含めて、98万7000円。仕事がある程度細分化して明確になっているため、個々の業務が単純化され覚えやすく、また作業時間に見合う対価も支払われているため役員の不満もない。組織のシステムがこういう状況であれば、次世代の役員候補者に声をかけやすく、また業務に適した人材を仕事に配置することもできると感じました。

問題点の把握と改善できること

Ａ法人のＤ事務局長によると、「数年前に作物別担当者制を提案したが機能しなかった。まわりのいくつかの法人も同様な仕組みを導入しているが機能していない」とのこと。作物担当を割り当てられた理事は「責任をもてない」「麦のつくりかたが詳しくわからないので無理」などの理由で動かなかったそうです。森さんは「仕事を割り当てる際には、麦なら麦の作業を具体的に示すことが大事。また、麦の担当者にすべての責任をもたせるのではなく、麦の異変に気付いたら栽培に詳しい組合長に相談する、判断は上に任せるなどの『システム』をセットにしたうえで、担当制を導入する。そうすれば担当者も不安感が小さくなる」とアドバイス。

Ａ法人は、調査結果をもとに、森さんによる「仕事の役割分担の重要性」についての説明会を定期総会後に実施することとなりました。また、今回の洗い出し調査結果を確認しながら、Ｄ事務局長が「業務分担表」を作成中です。構成員の意識啓発と理事会での具体案作成により、分業体制をつくり、後継者が育ちやすい環境を整えた組織づくりをすすめていくとのことです。

（『現代農業』２０１５年８月号掲載）

2

リーダーが仕事をすべて背負わないように、理事がしっかり役割分担

（大分県宇佐市 ㈱橋津営農組合よりもの郷理事 仲 延旨）

県下一の弱小法人だったが…

今から11年前、橋津集落では、集落の水田（24・5ha）を2人の認定農業者と13人の兼業農家で耕作していましたが、多くの面積を担っていた2人の認定農業者が65歳を超え、農地の引き受けも限界になっていました。そこで、集落の農地を守る営農組合設立の機運が高まり、3カ月の話し合いを経て、2005年6月に組合員42名からなる農事組合法人 橋津営農組合「よりもの郷」が設立されました。

当組合の特徴は、①話し合いを始めてわずか100日で設立した即席法人である、②認定農業者と協働した集落ぐるみ型の組織である、③平坦地域であるが圃場整備率50％、排水不良等の条件不利地域、経営面積4・7haでスタートした県下一の弱小法人である、ということでした。

しかしその後さまざまな取り組みによって、現在では経営面積17・5haとなり、小規模ながら3人の若者を専従雇用する法人になりました。

役割分担をできていないのが問題

大分県では2003年より地域の担い手として法人組織の育成に力を入れてきました。その結果、普及指導員の活躍により、207法人の設立というめざましい成果を上げました。しかし、多くの法人が業務の役割分担ができず組合長や事務局長などの一部の役員に仕事が偏り、その結果、役員交代もままならず、担い手の育成もできずに役員が高齢化してしまうという新たな問題に直面しています。今回は、当組合の運営体制と担い手育成の取り組みについて紹介します。

役割分担を明確化し、ちゃんと手当ても支払う

どんな組織でも役員の役割分担（業務分担）はありますが、問題なのはそれを各自が自覚して実行するかどうかです。組織のリーダーは、その実行状況を進行管理（進行具合を把握してズレがあれば直す）できなければなりません。ところが、人に任せると手間がかかるので自分がやったほうが早いとか、人に任せきれないとか、まわりの人が一部の人に任せきりにするという無責任意識で一部の人に業務が集中していくと、やがて組織は疲弊していきメンバーの意欲が低下していくものです。

大豆の追肥をする若手後継者

当組合でも設立して1、2年は、数人の理事がすべてを背負い、大変な状況になっていました。そこで3年目に、役割分担の事務分掌表をつくり（次ページ参照）、役員各自に仕事を割り当て各自の責任で行なうよう取り決めてやってきました。役員には「余計なことはしなくてよいので、自分の割り当てられた役割だけは確実に実行するように」と約束して業務を行なってもらっています。

そして、その役割に対しては、少額ですがきちんと手当てを支給して、その努力に応えるようにしています（作業労務班長手当て1万円／月、会計担当手当て1万円／月、会計担当補助手当て1万円／月、運営管理手当て（総務企画担当1万2000円／月）。

当初は、各自戸惑いもありましたが3、4年たつと、よく機能するようになりました。おかげで、組合長や他の役員がいつ辞めてもすぐに誰でも交代できる体制がとれるようになりました。ただし、総務・企画担当は、各種農政事務、補助事業事務、パソコン簿記処理等があるので慣れるのに少し時間がかかります。

組合の宝である後継者3人を月給制に

個人の農家でも後継者育成は至難の業。ましてや、法人の担い手育成はさらにむずかしいと思います。担

よりもの郷　理事の役割分担（2016年5月1日現在）

担当	業務内容	人数
組合長 （代表理事） ○本多	(1) 組合の総括的管理 (2) 視察、関係機関等の会議対応	1人
総務・企画担当 （理事） ○大鍛冶 ○仲 （補助：松本達）	(1) 組合の年度の事業計画の作成と各事業ごとの企画運営、進行管理 ・集落行事（草刈り、溝掃除、祭り等への参加） ・もちつき、エダマメ狩り、加工等への取り組み企画 (2) 作業計画書の作成管理、予算計画管理 (3) 農産物等の販売促進、商品開発、販路開拓 (4) 機械・施設更新計画の作成及び取得等の管理 (5) 関係機関への届け出、手続き（利用権設定、転作等） (6) 組合員の福利厚生（労災保険、雇用保険、懇親会等の福利厚生、視察等） (7) 総会に関する企画運営（準備、役員の選任等）	2人
作業労務担当 （理事） ○瀧上正（班長） ○安部英 ○佐々木 ○仲健	(1) 作付け計画の作成 (2) 月別作業計画の作成 (3) 作業委託、保有米希望のとりまとめ (4) 作業分担、オペレーターの手配 (5) 肥料・農薬、諸資材の注文と在庫管理 (6) 圃場管理の指示 (7) 機械の保守管理	4人
会計事務担当 （理事） ○松本 ○仲（総務と兼任） （補助：松本信子）	(1) 日々の入出金事務と通帳管理 (2) 毎月の作業者の作業時間集計と賃金支払い事務 (3) 給与の源泉徴収、労災保険、社会保険事務 (4) 農産物販売、作業受託料金の管理と集金管理 (5) 予算執行、パソコン簿記管理と法人税申告	2人
加工直売部門 （担当） ・松本達 ・小野	(1) 食品安全衛生及び品質管理について (2) 加工品の新商品開発と販路拡大 (3) 販売先との交渉	2人
会計監査 ・後藤	(1) 組合会計の監査、助言 (2) 自治区との調整	1人
オペレーター	〈メンバー〉玉井、松本達、小野、松本隆、仲道	5人
作業補助員	〈メンバー〉清原、後藤、瀧上正、瀧上隆、大鍛冶、西、本多智、仲健、ほか 集落内の女性（玉ネギレディース他８名）	16人

理事８名（○印の人）で多くの仕事を役割分担。後継者として就農した若手の松本達氏、小野氏はすでに加工部門を任されている。また、松本達氏は将来、総務・企画担当になるべく、補助として仕事を覚えている

い手とは組合の次世代の役員になる人材であり、たんなる作業労働者ではありません。会社を定年退職した方が法人の作業を手伝ってくれますが、担い手にはなれそうにありません。担い手には、若いやる気のある優秀な人材が必要なのです。そのような人材を確保するには、①常時雇用できる体制をつくる（年間働け、給与が支払える経営）、②社会保険を整備する、③事務所を設置し会社という意識をもつ、④意欲のもてる職場環境の整備（やりがいのある職場）づくり、などが重要です。そうすることによって、「自分の子どもを就職させたくなるような組合づくり」を心がけてきました。それには、役員一人ひとりが百姓意識から脱皮し、小さいながらも企業的経営者意識を培う努力をしなければなりませんでした。

業務分担表の実行も役員の意識改善訓練の一つです。そしてOJT（On the Job Training）でトレーニングしていきます。つまりトレーナーとなる役員は、日常の農作業を通じて実戦的に後継者が農業技術を習得できる指導方法とコーチング技術（自己の改善意欲を高める教え方）を修得し、若者とともに汗を流しながらともに学びあうという態度で担い手育成に励むということです。

現在の3人の若手は、企業のきびしいノルマと社風にそぐわず離職したり、リストラされたり、親の介護が必要で都会からUターンしたりと、それぞれの背景をもって当組合に就職してくれました。彼らは組合の宝ですので、2016年から月給制にし、社会保険（健康保険、厚生年金）を掛けるようにしました。そのための組合の費用負担は約90万円／年増加します。それで役員報酬を半分カットして対応することを決めました。そのような役員の期待を感じてほしいからです。当法人の後継者育成プロジェクトは始まったばかりです。

（『現代農業』2016年11月号掲載）

3 長年引っ張ってくれたリーダーが突然他界——みんなで集落ビジョンをつくって危機を打開

（島根県邑南町 (農)須磨谷《すまだに》農場）

何もかもやってきた人が亡くなった

「太田さんの死がなければ、私も集落のみなさんも本気になっていたかどうか……」

農事組合法人「須磨谷農場」の事務局長になった金山功さん（52歳）が、この1年の間に集落内で起きたさまざまな出来事をふり返りながら、そう話してくれた。

高齢化した集落の田んぼをみんなで守ろうと、集落のほぼ全戸（27戸）が参加する須磨谷農場が設立されたのは２００４年。以来、事務局長として法人を引っ張ってきたのが太田忠男さんだった。しかし２０１４年7月、太田さんがガンの告知を受けてわずか半年で亡くなった。まだまだ働き盛りの67歳だった。

「何度か入退院されていたんですけど、病院に駆けつけたときは言葉も話せない状況でした。早かったですね。集落のことはすべて太田さんが1人でやってこられたんです。法人の経営のやりくりから、計画から、作業の段取りまで何もかも……」

突然リーダーを失えば組織は路頭に迷ってしまう。集落に危機が訪れた。

法人設立10年の「集落内の分断」!?

じつを言うと、太田さんは亡くなる数年前から後継者のことを気にかけていて、役場の農林課に勤める金山さんに引き継いでもらいたいと伝えていた。農業の政策や制度についても、仕事上わかる立場だったからだ。しかし金山さんも働き盛り。まだまだ仕事が忙しい。集落のことをすべて引き受けるのは現実的に不可

山の中にある（農）須磨谷農場で導入している和牛放牧

（農）須磨谷農場のみなさん。前列が70代のベテラン３人。後列が後継者世代である50代２人。後列右側が金山功さん

（農）須磨谷農場の概要

- **組合員**：27 戸
- **経営**：水稲約 10ha（主食用米約 6.5ha、飼料用イネ約 2ha、飼料用米約 1.5ha）、和牛放牧（親牛 14 頭）

能だった。

そこで金山さんは、最近定年になった太田さんの次の世代（60代前半）の４、５人に声をかけ、事あるごとに飲みながら、今後の集落について話した。この世代の人たちの応援なしでは法人の運営はできないと思ったからだ。ところが、出て来た話は、「今の法人がやっていることは何一つわからない」「かかわりたくてもかかわれない」などといった不満や反発にも似た声が多かった。

ふり返ってみれば、法人を設立して十数年。最初はみんなでやっていこうとまとまっていたのだが、しだいにおもだった作業は太田さんを含めた４人だけ（残り３人は70代）がやるようになっていた。組織の経営状況や方針についても周知されない状況だった。集落を結びつけるはずの「法人」が、「集落内の分断」の要因になってしまっていると金山さんは感じた。

「こうなってしまったのには理由があるんです。結局は法人の経営のため。みんなでよってたかって作業をすると、従事分量配当（労賃）ばかりが増えて経営を圧迫してしまう。経営を守るためには作業を合理化せざるを得ない。でもそうすると、法人から人がどんどん離れていってしまう……。町内の他の法人さんに聞いても『作業をやっとるのは2、3人』ってみなさん言われます。うちに限ったことではないんです。

太田さんもみんなに参画意識をもってもらうために努力されていました。でも一方で、経営を守るための判断も必要になる。このかねあいがむずかしい。こういった悩みは経営を背負った人じゃないとわからないかもしれません。今は私もその苦労がわかるようになりました」

集落ビジョンづくりへ

太田さんが病に倒れた後、集落内では「集落検討委員会」が立ち上げられた。金山さんは、法人の経営内容や作業工程などについて一つひとつ丁寧に説明しながら、今後の方向性について話し合った。しかし積極的な意見はなかなか出ない。どのようにみんなの合意を得て、再出発したらいいのか。そんな悶々としている間に、太田さんが亡くなったのだ。「このままではまずい。何とかせねば」と、みんなが本気になったのはこのときからだ。

だが、集落住民だけでは殻が破れないところがある。外部の力も借りて、集落内の意見を取りまとめることが必要だと金山さんは考えた。そんなとき、たまたま島根県が主催している「集落ビジョン実践塾」があることを知り、受講することにした。集落住民で将来の夢を語り合い、集落ビジョンをつくるという講座である。大田市などの会場で話を聞いたり、実際に自分たちの集落で話し合ったりするものだ。みんなも賛同してくれた。

「これからの須磨谷を語る会」と題して、地域の課題や将来の夢を語り合うワークショップを行なったのが、2014年12月。県の普及員や実践塾のアドバイザーである農山村地域経済研究所長の楠本雅弘さん（138ページ参照）も来てくれた。この日の夜、集会所に集まったのは全28戸の集落から20人。ふだんは法人にほとんどかかわらない人も多く参加してくれたことに金山さんは驚いた。

これはいける！

ワークショップでは、65歳以上のベテランチーム（男性5人）、50代から60代前半の中堅チーム（男性7人）、女性チーム（8人）の3グループに分かれ、それぞれ意見を出し合って、グループごとに意見を発表していった（左ページ参照）。

最初はどうなるものかと正直不安も抱えていた金山

「これからの須磨谷を語る会」で出たおもな意見

【困っていること・課題】

・世代間の話し合いが少ない …………………………（ベテラン、女性）
・農作業に若い人が出ることが少ない …………………………（ベテラン、女性）
・今までの営農状況がわからない …（中堅）
・米が安い ………………（ベテラン、中堅）
・草刈りが大変 ………………（中堅、女性）
・イノシシ、サルなどの被害が多い ………………………………………（共通）
・牛の飼育が心配 ………（ベテラン、中堅）

【自慢できること、良いところ】

・まとまりがある集落 ………（共通）
・住民が協力 …………………（共通）
・人材が豊か …………………（中堅）
・牛のおかげで耕作放棄地が少ない …………………………（ベテラン）
・法人により農地が守られている …………………………（ベテラン）
・野菜等お互いにないものを物々交換 ………………………………（女性）
・30年続く親睦会 …………（中堅）

将来の夢（こんなことができたらいいな）

・独り暮らしになったときに一緒に住める家（グループホーム）をつくる…（ベテラン）
・牛の肉（加工品を含む）をブランド化、販売 …………………………（ベテラン）
・牛で観光、保育園児に対して食育 ………………………………………（ベテラン）
・味噌、コンニャク、ユズ味噌等加工販売、加工施設の整備 ……………（ベテラン）
・ハウスを建てたい、野菜・花・菌床シイタケをつくりたい …………………（中堅）
・ブランド米など地域の特産品をつくる ………………………………………（中堅）
・須磨谷農場の経営を部門ごとに発展させていきたい ………………………（中堅）
・みんなが集まる場所をつくる、集落で海外旅行 ……………………………（女性）

後日検討した

「将来の夢・やりたいアイデア」ベスト３（優先順位）

１位	獣害をなくす	14人
２位	ぼけないで健康で一生を送りたい	12人
３位	地域の特産品をつくる	9人

ワークショップでは３つのグループに分かれ、活発に意見交換がなされた

さんだが、思いのほか多くの意見が飛び出した。なかでも嬉しかったのは、集落のいいところ、自慢できることとして、「うちの集落はもともと仲がよく、まとまりがある」「住民がみんな協力的」との意見が多かったことだ。「女性が元気。法人の稲の苗づくりは女性たちでやってるのが自慢」「このむらには小学生が6人もいる」などといった意見もあった。将来の夢についてもみんなが大いに語ってくれ、それらを聞きながら「これはいける！」と金山さんは確信した。

「自分たちのいいところといっても、なかなか恥ずかしくて言えないでしょう。でも誰かが口を開いたら、ぽんぽんぽんと、みなさん、本当に遠慮なしに話されて。すごくいい雰囲気でした」

ざっくばらんにみんなが思っていることを出し合ったことで、今後の方向性も見えてきた。

「牛はやめよう」の大合唱だったが…

ところで須磨谷農場は、水稲だけでなく和牛放牧にも取り組んでいるところに特徴がある（詳しくは農文協編『集落・地域ビジョンづくり』「荒れた棚田を放牧地に」参照）。親牛14頭、育成牛を含めると20頭を超える牛たちが、集落内の山際にある放牧地を巡り、グングンと伸びる草を食べてくれる。堆肥も生産してくれる。中山間地の農地を守っていくうえで牛を導入するメリットは大きいと、太田さんが中心になって取り組んできたことだ。

しかし太田さんが病に倒れ、「集落検討委員会」を立ち上げた当初は、牛の話になると「もうやめよう」の大合唱だった。「誰が管理するのか。自分は無理」と思っている人が多かったからだ。ところがワークショップや話し合いを経た今、誰一人として「牛をやめよう」と言わなくなった。牛の管理を買って出る人が現われただけでなく、将来の夢として「牛の肉をブランド化したい！」という意見まで飛び出すようになった。

牛の経営で亡きリーダーの想いを引き継ぐ

みんなの気持ちに変化があったのは、金山さんが状況説明するなかで、経営にとっての牛の重要性がわかってきたからだ。じつは金山さんもそのときわかったことだが、そのころ3年間の決算の推移に目を見張った。

２０１２年度の牛部門の売り上げは、子牛５頭が売れて１５０万円だったのが、13年度は８頭売れて３８０万円、14年度も８頭売れて同等の金額だった。一方、経営の柱である米の売り上げは、12年度に１０００万円あったのが、13年度は７００万円、14年度は米価下落で６００万円まで落ち込んだ。米は右肩下がりだが、それをカバーするように牛部門が右肩上がりになっていた。牛部門単独で見ると、ようやく独立採算が見えてきたところだが、牛を導入することで、割り当てが30％を超える転作に飼料稲（ＷＣＳ）を作付けできるメリットも大きい。もしも転作に飼料稲がつくれなければ、耕作放棄地となる田んぼが続出するのは明らかだからだ。

みんなで協力して放牧地から放牧地へ
牛を移動させているところ

「結局、みなさん知らなかっただけなんです。最近は普及所の方に来てもらって、和牛の勉強会もやりました。牛の飼い方について熱心に勉強を始めているところです」

今年は、冬のエサとして購入していた輸入乾草を自前のＷＣＳに置き換えることで、年間50万円のコスト削減も見込んでいる。稼げる部門としての可能性もおおいに見えてきたところだ。このような経営は、太田さんが生前、つねづね目標としていたことでもある。子牛の繁殖率が安定してきたことに加え、子牛の相場が跳ね上がったことが売り上げアップの大きな要因だが、太田さんの描いていた夢がいよいよ実現し、それをみんなで引き継ぐかたちとなったのだ。

ビジョンを少しずつかたちに

２０１４年末のワークショップでこんなことができたらいいなという将来の夢について意見を出し合った。15年の2月には、そのときに出た個々の事柄について検討し、今後取り組みたいものについての優先順位もつけた。1番になったのは「獣害をなくす」。このところ数年はサルやイノシシの被害が激しい。そこでその春、被害のひどいところにワイヤーメッシュをみんなで設置した。

2番になったのは「ぼけないで健康で一生を送りたい」。これと似たようなものはほかにもあり、「独り暮らしになったときに一緒に住める家（グループホーム）

をつくりたい」といった意見も出た。空き家をリフォームして活用するというもので、斬新な提案だとみんなも驚いた。これらの意見を受け、集落内で元気に暮らす仕組みづくりについても具体的に話し合うことになった。金山さんは、もともと仲のいい集落だから、ふだんからの何気ない助け合いを生かして、困った人が出てきたら、食事の提供や見回り活動などの、集落内のミニデイサービス活動を展開できないかと考えている。

集落営農は5年たったら見直し、10年たったら世代交代

新たなビジョンを描いたことで、集落内には活気が蘇ってきた。世代を超えた飲み会も増えたし、積極的に作業に参加する人も増えた。一時は「法人離れ」していた人たちが、今は法人の会計や営農部長となり、みんなを引っ張ってくれる存在になった。次の世代へのバトンタッチが確実になされてきたことになる。

取材にうかがった6月上旬、ちょうど田植えが終わったところだった。作業中にみんなで話をしているときに、「田んぼにスッポンがいた」という人がいて、翌日には「そのスッポンを捕まえた」との報告があった。さらに数日後、「また大きなスッポンを捕まえた」との報告があり、田植え後の労を労う泥落としは、スッポン鍋にしようとおおいに盛り上がっていた。

「集落営農は5年たったら見直し、10年たったら世代交代が必ずやってきます。ある意味、うちでは太田さんが亡くなったことで、気持ちが一つになったわけですが、最期まで集落のことを考えていた太田さんの想いを胸に、これからもみんなで頑張っていこうと思います」

集落の将来に希望をもった表情で、金山さんはそう話してくれた。

（『現代農業』２０１５年8月号掲載）

4 組合員を1戸複数参加制にして、一気に若者7人を確保

（島根県奥出雲町 (農)三森原《みもりはら》）

10年たって後継者が問題に

三森原集落は標高500mほどの山の中の集落だ。「古文書を見ると、昔はたたら製鉄の炭やきで栄えていたそうですが、今は16戸ほどのオール兼業農家の集落です」と、農事組合法人「三森原」の理事を長年務めてきた佐伯徳明さん（75歳）が説明してくれた。

集落営農法人ができたのは16年前の2000年。かつては平均70aほどの田んぼ（集落全体では約12ha）を個々の家で耕作していたが、なけなしの金を機械代に回すのはつらいので、機械の共同利用から始まった。その後、集落の生活を維持するためにも法人化したほうがいいということになり、全戸が参加するかたちで1集落1農場方式

上／谷すじに家が点在する三森原集落
右／（農）三森原の元理事である佐伯徳明さん。町内の6つの集落営農がメンバーとなって機械の協同利用や米の協同販売をしているLLP横田特定農業法人ネットワークの代表幹事も務める

の法人ができた。このときに中心になったのが、佐伯さんを含めた当時60歳前後の３人だった。

法人ができたおかげで、機械貧乏になる家もなく、集落内の田んぼを維持できるようになった。女性たちも張り切って、転作大豆を使った味噌づくりやもち加工なども始まった。法人経営は順調にスタートしていった。

そして10年がすぎた。佐伯さんたち首脳陣３人は70歳前後。ほかのメンバーも当然10年歳をとり、病気になった人もいる。そろそろ世代交代が必要だと話し合い、まずはそれぞれの家に居る20～40代の息子世代に目を向けた。

息子世代を一気に７人ゲット

息子世代はみんな勤めていたが、今から法人の組合員になってもらえば、集落のことにも早く関心をもてるし、父親がポックリ逝ったときに急に組合員になれと言われるよりは世代交代もスムーズにいくと考えた。しかし農事組合法人の組合員は、その家の世帯主がなるのが常識だ。１戸から２人参加してもいいのだろうか。

調べてみると、農協法では、農事組合法人の組合員資格は「農民（農業を営む個人または農業に従事する者）」であることが条件となっている。いわゆる兼業農家のように、土日に作業をすれば、農業の従事者と位置づけられる（農協法では従事日数については定めていない）。

また、息子世代が組合員になれば、作業に出た時間に応じて従事分量配当（労賃）を本人に支払える。これまでは頼まれて草刈りなどをしても、労賃はすべて

後継者世代の若者に大豆の播種を教えるベテラン

父親（組合員）の口座に振り込まれていた。これでは責任感も生まれないし、モチベーションも上がらない。

1戸複数参加制にして、息子を組合員にするメリットは大きい。そこで息子たちに声をかけてみると、7人全員が抵抗なく了承してくれた。いずれは自分たちがやるので当然だという雰囲気だった。了承を得たところで、7戸については、出資金の持ち分を父親から息子に半分譲渡することにした。出資金は面積割りで10a当たり5万円。平均70aなので1戸当たり35万円ほど。この半額分を息子に譲渡して、正式に組合員として迎え入れたのだ。ちなみに、出資金の譲渡は110万円以上だと相続税がかかるので注意が必要だ。

獅子舞で集落1軒1軒を回る毎年8月の行事（門付け）を復活させた

子どもを集落に残すためのプロジェクト

「世代交代をスムーズにするための工夫として1戸複数参加制はよかったんですが、それよりも大事なことがあるんです。子どもたちをいかに集落に残すか、そういう雰囲気をいかに醸成するかということなんです」

たしかに、息子世代が都会に出てしまって家にいなければ、声もかけられない。

「じつは法人を立ち上げるときに、農事組合法人の欠点についても考えました。それは誰かがやってくれるだろうという気持ちが広がること。そうなると、集落に目を向けない人が増えてくる。一番怖いのは、その雰囲気が子どもたちにも伝わってしまうことなんです」

そこで、三森原では法人を立ち上げる前から、「集落共生」の機運を高めるべく、とくに子どもたちが集落を好きになるようなさまざまな取り組みをした。たとえば2年に1回は集落全員で家族旅行に行った。子どもたちの学校があるので日帰りだが、広島の水族館に行ったり、岡山の蒜山高原に行ったり、バスを貸し切って総勢30人ほどでにぎやかに出かけた。そのほか夏祭りと称してバーベキューをしたり、親子2人で獅子舞を組んで集落内を1軒1軒回る門付けを復活させたり、収穫祭にはそば打ちをしたり、みんなで楽しくできることを意識的に増やしていった。

「そのおかげでしょうね。われわれの息子世代はほとんど家に残りました。うちの息子もその一人なんですが、私が地元の農協の試験を受けてみないか、と言ったら、いいよ、と言ってくれたんです」

息子世代の勤め先はJAや森林組合、建設業などだ。勤め先があることで集落に若い世代が残ることができる。勤め先があるということは、集落維持にとっても大きい。

「今の時代、自分の子どもに農業をやれとはなかなか言いにくいんですよ。でも気持ちとしては家に残ってほしい。だから集落で一丸となって、集落のよさを子どものうちから感じてもらえるようにしてきたわけです」

三森原が掲げる理念は「集落が豊かになることが、自分が豊かになること」。まずは集落を大事にするという考えだ。昔からある共助の心を大事にし、さらに自助の精神ももっていけば、不便な山奥の地域でも一人ひとりが豊かに暮らせると佐伯さんは思う。

世代交代もスムーズに

息子世代には、「習うより慣れろ」の精神で機械作業もどんどんやらせていった。トラクタを石垣にぶつけたり、湿田にはまって抜け出せなくなったり、最初はトラブルも多発した。修繕費は高くついたが、それは後継者育成のための必要経費と捉え、アクシデントもレクリエーションのうちと考えた。おかげで若者たちは、いろいろなことを任せられる存在になってきた。

そこで若者7人を迎えた2年後に、それまで法人の舵取りをしてきた佐伯さん世代の理事が初代組合長も含めていっせいに引退し、一回り若い世代にバトンタッチした。現在の組合長は3代目。おそらく次の役員は、7人の誰かが担うだろうと佐伯さんは思っている。

（『現代農業』2016年11月号掲載）

5

役員65歳、オペレーター55歳定年制でスムーズに世代交代

（滋賀県甲賀市　(農) 酒人《さこうど》ふぁ～む）

(農) 酒人ふぁ～むの相談役である福西義幸さん

(農) 酒人ふぁ～むの概要

- **創立**：2002 年 12 月
- **組合員**：56 戸
- **経営**：面積約 55ha（水稲約 22ha、麦・大豆約 22ha、キャベツやブロッコリーなどの露地野菜約 1ha など）

病気や事故などでリーダーを突然失えば困った事態に陥る。前項の(農)須磨谷農場は、リーダーを失った危機に際して集落ビジョンをつくって乗り越えてきたが、「そういうことが起きないような仕組みをつくってきた」という集落営農もある。滋賀県甲賀市にある農事組合法人「酒人ふぁ～む」だ。前組合長の福西義幸さん（68歳）によると、「役員65歳、オペレーター55歳定年制」を設けたことで、世代交代がスムーズに行なわれているという。

若い人にどんどん入ってもらうため

――役職に定年制を設けたのはなぜですか。

ここはオール二種兼業農家の集落なんですよ。みんな勤めてます。定年退職して集落営農に参加すると、役員も機械のオペレーターもどんどん高齢化するじゃ

ないですか。それで定年制なんですよ。
少し詳しく説明すると、もう20年くらい前ですが、集落営農を立ち上げるとき、1集落1農場ってなんやねん、課題と問題は何があるねん、どういう組織をつくればいいかって、かなり議論したんです。組織づくり委員会というのがあって、私もメンバーに入って、まずはそこで話を揉んだ。役割分担を決めて、役員をどうするかというときに、委員会としては「組合長なんて70歳を過ぎた人でもいいじゃないか。農地を集約するための顔なんだから、集落内で信頼のある人になってもらえばいいんと違うの？」となった。それを総会で承認してもらわないといけない。そうしたら、総会で組合員のほうから、「農業って隠居仕事でできるのか。それでできるんなら集落営農なんてやらんでもよろしいやろ。現役世代でやってもきびしいのに、70歳を過ぎた者でやっていけるのか」という意見が出たんです。会社でそれなりの役職を経験している組合員も多いじゃないですか。経営にはシビアなんです。それで、役員はおおむね55歳から65歳の間にしようとなった。
そう決めたら、今度は機械のオペレーターはもっと若くしないといけない。バリバリ働けるのは55歳以下。ただし、若い人はみんな勤めだから、作業は土日でやる、ということになったんです。当時は経営がどうなるかわかりませんでしたから、限られた労賃を年配者に払うと、若い人が入ってこられないという心配もありました。

――**定年になったらどうなるんですか。**

オレはまだできると思ってもがまんが必要になる。あんな若い子に田植えさせるより、オレのほうがずっと上手だと思う人もいるけど、そこはあえてこらえてちょうだい。でないと若者が育たない、という考えです。55歳を超えたら役員になってもらうか技術を伝授してもらう立場になってもらって、65歳を超えたら集落を見守る立場になってもらう。時間がある人には転作田の少量多品目の野菜づくりを手伝ってもらうことになりました。
この定年制は、きちっと規約に書くことはしていません。あまり厳密にやると、やりづらくなるので。組合員みんなの暗黙の了解という感じでやっています。

機械のオペレーターは同世代から声をかける

――**定年制にして若い人は入ってきましたか。**

機械のオペレーターは毎年4月に募集します。現在は20歳から55歳まで30人ほどいます。なかには1年に1日しか来ない子もいますがね。20代で5人ほど、30代と40代が一番多くてそれぞれ10人ほど、50代前半が5人ほどです。

――よくそんなに若い人が入ってきますね。

最初はうまくいかなかったんですよ。若い子に声をかけても「あかん、あかん」って断られて。若い子の場合、親父とかその世代から言われると、やらなきゃいかんと思ってても、よけい嫌になることがある。それであれこれと考えて、同世代の者に声をかけてもらうようにしたら、うまくいった。これがポイントだと思います。

うちのオペレーターの時給は1250円です。1日8時間で1万円。月に2回来てもらえばいいと言っていて、年間だと24万円になる。いい小遣い稼ぎになるでしょう。

最初はなんでもいいんですよ、作業に来てくれれば。どんな仕事をやっているかわかるから、まずは作業に慣れてもらって、そのうちその子に向いている役があれば、将来は副部長、部長（役員）になってもらうという流れです。今の営業部長は繊維関係の会社の営業マンです。

かつては幼稚園児がいない集落だった

――集落には若い人がけっこういるんですね。

旧水口町の中には、ここ酒人を含めて集落が6つある。酒人は昭和の終わり頃、若者が一番定着しない集落だったんです。農家数が60軒ほどですが、幼稚園児がゼロに近かった。なぜかというと、田んぼ全部で55haのうち、1筆平均5aの作業効率の悪い田んぼが1000筆もあった。用水も一番下だった。家の田んぼの手伝いは大変だから、若者がどんどん外に出て暮らすようになってしまったわけです。

それで誰が農地を守るのかという危機感が出てきて、1筆1ha規模の基盤整備をして集落営農ができた。集落営農があるのは旧水口町でうちの集落だけなんですが、今は若い人が外に出なくなったんでしょうね。幼稚園児が一番多い集落になりました。

組合長は「3年任期」の1期で交代

――役員もどんどん世代交代しているのですか。

集落営農を立ち上げたのは2002年ですが、今の組合長で7代目です。私は6代目で2014年までやりました。最初は任意の営農組合で、初代と2代目の

酒人ふぁ～む組織図

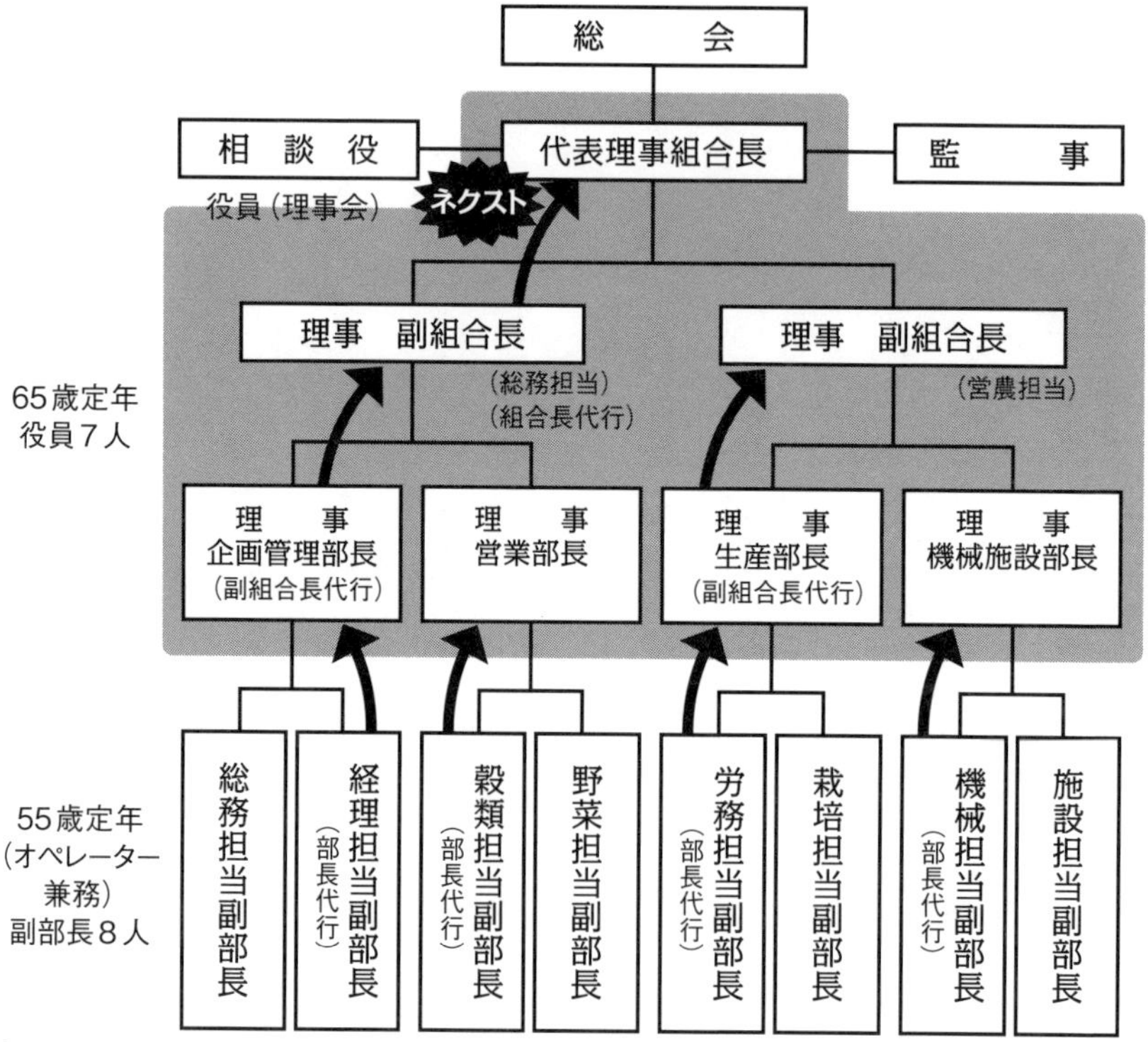

― 役員の業務内容 ―

組合長
〈全般統括〉

①対外対応全般
②法人協会対応
③構成員（組合員）対応
④来視・派遣対応
⑤理事会議長

副組合長（総務）
〈総務部門統括〉

①法人組織・内部管理全般
②行政庁対応
③流通関係団体・組織対応
④農用地利用改善団体対応
⑤構成員（組合員）対応
⑥来視・派遣対応
⑦納税協会対応

副組合長（営農）
〈営農部門統括〉

①営農関係団体・組織対応
②機械施設関係団体・組織対応
③協力組織（各グループ）対応
④田園環境愛護会対応
⑤農業施設（農道・用排水）管理
⑥構成員（組合員）対応
⑦観光協会対応

※このほかの理事（部長）や副部長についても具体的な業務内容が決められている

組合長はその時代に2年ずつ。その後は法人化して、役員任期が3年になって、みなさん1期ずつで交代してきました。

ほかの役員についても法人化してからは3年任期です。部長から副組合長、組合長と持ち上がりで、役員を何期か務める場合はありますが、一つの役職についてはほとんど1期で交代しています。

――スムーズに交代できるのはどうしてでしょう。

組合長を含めた役員の仕事で一番大事なのは、任期3年の間に自分の後任を決めて育てること。どうやって決めるかというと、組織図（前ページ）を見ればわかりますけど、総務担当の副組合長が「組合長代行」になっています。つまり、ネクスト組合長。絶対ではありませんが、これまではだいたい総務担当の副組合長が次の組合長になってきました。なぜ営農担当の副組合長じゃないかというと、組合長には経営的な視点や判断が必要不可欠だからです。営農面の経験だけではできない。

他の役員にもすべて代行がいるので、ネクストの立場になった人は、次に自分がやる可能性が大きいということで自然に自覚も出てきます。

法人の事務所兼機械倉庫。「人の輪と集落の和」を大切にすることが法人の理念

組合長を「何でもこなす代表」にしてはダメ

――組合長の実務的な仕事はどのようなものですか。

まずは方針を立てること。毎年出している「ふぁ～む通信」の新年号で何をやっていきたいかという所信表明をする。そして対外的な対応。行政やＪＡの対応とか、審議会に出るとか、視察の対応とかですね。これだけでもけっこう忙しい。だから組合長が現場にかかわっているようだと、組織は継続できないと思います。現場のことは副組合長以下に任せる。最終責任は自分がとりますが、具体的なことは各部門で思うようにやってもらう。

これを外目から見ると、「あの人はなんやねん。圃場にいっぺんも来てない」となる。でもそういう噂が立つくらいじゃないと、次の引き受け手がいなくなる。何でもこなす代表をつくってしまうと交代ができない。「あの人でもできるんなら、オレにもできる」って思われるくらいにする。だから私は組合長になったら機械には一切乗らなかった。圃場に行っても「ご苦労さん」というくらい。じつはこれ、歴代の組合長のなかで引き継がれてきたことなんです。2代目の組合長のとき、次期組合長候補がまだ勤めに出ていて、勤めながらでもできる組合長にしようということで、こういう雰囲気になってきました。

組合員にも役員の仕事をわかってもらう

——組織図にはいろいろな役職がありますね。

役割分担が大事ですからね。ただ、組合員から見れば、集落営農の役員は圃場に出て汗して働くことが仕事だという認識なんですよ。企画管理事業をやったり、お金の計算をしたり、営業活動があったりするなんて思わない。でも経営体ですから、それを運営していくには、経理とか企画とか営業とか、総務的な仕事がすごく重要です。

実際、「あの企画管理部長は、圃場にいっぺんも来ない」というような声があった。それで各役員の名前と、それぞれの仕事内容を厚手のA３用紙にまとめて集落全戸に配った。そうしたら、「おー、今日は企画管理部長がトラクタに乗ってる」と感心する組合員が出てきた。役員の仕事を組合員にわかってもらうことも大事ですね。

——なるほど……。

一つ言いそびれましたが、組合長は65歳で定年なんですが、私は例外でした。ずっと役員をやってきて副組合長の最後の年に64歳になった。来年は65歳だから「役員を下りる」と言ったら却下された。「組合長やりなさい」と。それで65歳から3年間やりました。

うちには「役員選考委員会」というのがあって、オレが組合長やりたいといっても、そこを通らなければできない。選考委員は8人いて、集落内の8つの地区から1人ずつ出てきます。もしも間違った方向に突っ走る組合長が出てきたら、それを食い止める役割です。私の場合はそれとは逆のパターンでしたけど、こういう仕組みもあります。

（『現代農業』２０１５年８月号掲載）

6 役員65歳定年制で若者3人を後継者に

（山形県三川町　（農）青山農場理事　五十嵐壽雄）

機械共同利用組合の危機から

庄内平野のほぼ中央に位置する三川町の青山集落では、1974年に区画整備事業が完了し、水稲の機械共同利用組合が立ち上がりました。これにより農家のコストが軽減し、兼業農家、高齢者でも農業を維持できるようになりました。

（農）青山農場のメンバー。前列が後継者の若者3人。後列左から2人目が筆者（元組合長、現在理事）。法人では水稲52ha、大豆15ha、飼料米5ha、その他、柿、エダマメ、ストックなどを栽培

しかし時が流れ、米価の下落による後継者の他産業への就職や高齢化で組織の弱体化が進み、維持が困難になりました。そのことから2002年に「青山の農業を考える会」を立ち上げ、勉強会を重ね、集落営農法人をつくることになりました。2007年1月に集落内で賛同された農家から水田約30haを借り受け、4人で農事組合法人「青山農場」を創設しました。

後継者の育成が急務

青山農場では、設立当初から役員を65歳定年制にしています。理由は2つあります。

一つは設立当事者が農業者年金に加入しており、年金を受給するには65歳までに経営委譲しなければならないわけですが、法人の場合は、出資金の返還と役員の退任で経営から外れなければ年金を受け取ることが

できないからです。ただし、法人経営に携わらなければ、年金を受け取りながら働くことができるので、本人の希望があれば、69歳まで働いてもらえるようにしました。

もう一つは、前述のとおり、機械共同利用組合の役員およびオペレーターが高齢化し、後継者の育成に失敗したため、組織の弱体化が進んだことです。この経験をふまえ、法人では後継者の育成が急務と考えました。早めに後継者を見つけ、ともに働くことで、栽培技術の伝授・作業機械の指導など、これまで培ってきた技術を伝えていくことができます。そのためにも定年制を設ければ、スムーズに次代へつなぐことができます。

3人の若者が後継者に

法人を設立して10年を迎えました。これまでに設立者3人が役員から離れ（2人は退社）、1人は70歳を前に一組合員として働いています。

一方、後継者は、２００９年、２０１１年、２０１４年にそれぞれ1人ずつ、いずれも集落内の30代、40代の若者が専従職員として就農しました。この3人は法人に出資し、役員として経営に携わっています。うち2人は設立者の息子です。定年制を設けたことで世代交代が進み、若者の発言にも重みが増しています。

農家は働ける限り仕事を続けますが、それでは世代交代が進みません。定年制で区切りをつけることも大切です。役員を定年しても働ける人には働いてもらえば、それが後輩の指導や育成につながります。これまで培った技術の伝承がとても重要です。

後継者の力で将来を拓く

設立当初30haだった水田面積も現在は52haまで拡大し、スタッフも4人から7人（役員5人、従業員2人）に増えました。今後も農家の高齢化にともない水田面積の拡大が進むと思われますが、経営はさまざまな交付金に頼っているのが現状です。

いろいろなことに取り組んでも米価はそれ以上に下落し、販売額が追いつかない状況です。このようなきびしい状況の中で、3人の若者が就農してくれました。そして経営にも携わっています。彼らはさまざまなイベントに参加し、販路拡大に力を入れています。その姿を見ると、農協にどっぷり浸かったわれわれ高齢者にはできない改革が起きそうだと感じます。

（『現代農業』２０１６年11月号掲載）

7

高収量の秘訣!?　5段階の労賃設定
――労賃の支払い方でやる気アップ
ホース持ちは時給2300円

（福井県福井市　南江守生産組合）

福井市の「南江守生産組合」は、2014年の全国麦作共励会で、栄えある農林水産大臣賞を受賞した集落営農組織だ。約17haある転作麦の平均反収が532kgで、県平均の307kgを大きく上回った。麦だけでなく大豆や稲の反収も高い。その技術の一端は、『現代農業』2015年9月号「稲の成熟期調査」や10月号「徹底排水で大麦反収2倍」でも紹介されているが、いずれも細かな作業をみんなできっちりこなしてきた成果。そしてじつは、そんな作業にみんなが気持ちよく参加できるような、労賃の支払い方にもちょっとした仕掛けがある。

組合長の杉本進さん。立派な転作大豆の圃場にて

南江守生産組合の概要

- 1993年に水稲の機械受託組織を設立し、2006年に経理を一元化した現在の組合に（特定農業団体）
- **組合員**：48戸
- **経営**：耕作面積約57ha。水稲約40ha（ハナエチゼン、コシヒカリ、あきさかり）、麦・大豆ともに約17ha。これらは2年3作のブロックローテーション

労力確保のために作業労賃を徹底見直し

48戸が暮らす南江守集落に、区画整理をきっかけに稲の機械作業を受託する前身組織が設立されたのが1993年。それから13年後の2006年に、経理を一元化してみんなで田んぼを経営する今の組合ができた。集落全戸が参加する南江守生産組合（特定農業団体）だ。約57haの集落内のすべての圃場を管理している。

南江守生産組合のおもな作業賃金

作業名	労賃（時給）
ナイアガラ防除（粉剤）のホース持ち、背負い動力散布機による散布（防除・除草剤・施肥）、麦種子消毒（粉衣）、乗用管理機による防除や除草剤散布など	2,300円
ナイアガラ防除の機械作業、歩行田植え機操作、歩行溝切り、土壌改良剤手まき散布、大豆種子消毒（液剤）、コンバイン掃除（エアガン使用時）など	1,800円
手取り除草（刈り払い機も含む）、補植、鍬による四隅の均しや溝切りの溝つなぎ、麦・大豆溝さらい、除礫作業など	1,500円
トラクタ作業全般、コンバイン作業など	1,300円
稲の苗運び、水管理、稲の成熟期調査、各機械作業の補助、その他一般作業全般	1,000円

「労賃の支払い方を変えたのは、組合を新しくしたときですね。さあ、作業をやりますか、と声をかけても、なかなか人が集まらなくなってきたんです」

組合長の杉本進さん（67歳）がそう話してくれた。最初の機械受託組織ができた20年ほど前は、みんな若かったので仕事の取り合いになるようなこともあったそうだが、それから10年もたつと、しだいに人が集まりにくくなってきた。

そこで、杉本さんを含む役員で話し合い、それまで一律だった作業労賃（機械のオペレーターは時給1300円、一般作業は時給1000円）を見直していった。「これはきつい、あれもきつい、これはそんなにきつくない」。作物ごとに一つひとつの作業を徹底的に洗い出し、大変な作業については労賃を上げていった。検討した作業項目は、じつに100項目を超えている。

そうして労賃を5段階に設定した。もっとも大変なのは防除関連の作業。ナイアガラ防除のホース持ちなどは時給2300円、体を使う歩行田植え機操作や歩行溝切りなどは1800円、稲の補植や草取りなどは1500円、一般的なトラクタ作業などは1300円、育苗時の苗運びや水管理などは1000円といった具合になっている（上の表参照）。機械オペレーターより

ナイアガラ防除のホース持ち作業。150mのホースを圃場に合わせて長さ調整するので、多いときは6人ほど必要。時給は2,300円(写真提供：南江守生産組合。以下Mも)

圃場を挟んだ反対側。ナイアガラの防除機を操作する人と、トラクタを運転する人のほかに、防除機に農薬を補充する人もいる。時給は1,800円（M）

補助的な作業のほうが高い場合もある。

「機械が使えない仕事って、きつい、きたない、つらいっていうのが多いでしょ。そういう仕事が大事ですからね」

ナイアガラ防除は補助者のほうが労賃が高い

組合の防除作業のメインとなっている稲と大豆のナイアガラ防除を例に見てみよう。7月中旬から9月中旬までに10回ほど行なう。回数が多いのは、稲の品種（早生、中生、晩生）ごとに適期防除に努めているからだ（それぞれ穂揃い期とその10日後の計2回）。近隣ではそれほど細かく防除しないところも多いが、カメムシやモンガレ病などの被害が激しく出ることもあるので、収量や品質を落とさないためにも適期にビシッとやると決めている。

作業時間はそれほど長くない。暑い時期なので早朝5時半から7時半くらいまでに終わらせる。人数は一番多いときで9人ほど。ナイアガラの粉剤を飛ばす防除機の操作に1人、防除機をけん引するトラクタに1人、軽トラに積んだ農薬を防除機に補充するのに1人となっていて、これらの作業は時給1800円。そして、ナイアガラのホースを持つ人が6人ほどいる。これだけ人数が必要なのは、1～3ha区画の大きな圃場が多く、幅が最長で150mあるため、長いホースを落とさないように抱えるのが大変だからだ。しかも長方形の圃場ならいいが、途中で幅が狭くなったり広くなったりするところは、ホースをたぐり寄せたり伸ばしたりしないといけない。薬も飛んでくるので、きつい作業なのだ。だからホース持ちは一番高い2300円となっている。

排水対策には欠かせない暗渠掃除は3人で行なう。この作業と圃場の石拾いは「多面的機能支払」で賄っている。時給は1,500円（M）

小さな田んぼを守るための作業も

集落内の多くの圃場は区画整理されているのだが、家のまわりには10aくらいの小さな圃場が27筆もある。なかには1aに満たない圃場もあり、このような圃場では大きな機械が使えない。そこで、たとえば田植えでは、通常の乗用6条タイプが使えないので、歩行の4条タイプを使う。歩行の場合は時給1800円。乗用の1300円よりも500円高い。もちろん田んぼにズボズボと入りながらの作業で大変だからだ。

組合のポリシーは「どんな小さな圃場でも必ず引き受ける」。だから手間がかかる圃場もしっかり作物をつくるのだ。おかげで荒れた圃場は一つもない。

溝さらいや草取りはみんなで

最近、力を入れているのは溝さらいと草取りだ。溝さらいとは、圃場の縁にぐるりと掘った明渠が崩れていた場合、スコップで手直しする作業のこと。地味な作業だが、麦や大豆の収量を上げる排水対策として欠かせない。これも手作業なので時給は1500円とやや高い。

草取りは、稲ならヒエ、麦ならカラスノエンドウ、大豆ならタデなどの草を圃場に入って手で抜いていく作業。放っておくと爆発的に増えるし、作物の品質にも影響してくるので、しっかり抜くように心がけている。やはり手作業なので時給は1500円。ちなみにこれらの作業は大勢でワイワイやると疲労感がぜんぜん違うという。草取りは全員作業で常時15～20人ほどでやっている。

労賃は集落内に落ちるお金

作業はほかにもさまざまあるが、このように作業労賃を見直してきたおかげで、今は人が集まらなくて困るということはないそうだ。

「値段を変えたのは、なるべく気持ちよく参加してもらいたいということなんですよ。まあ実際は、喜んで来るというより、しょうがないなって感じですけどね。でもみんな納得してくれていると思います。役員としては頼みやすいというのもあります」

それにしても時給2300円は高い。組合の労賃は現状で年間850万円ほどだという。農産物の販売額が約4400万円で、交付金は約3300万円。これらを合わせた総収入から見れば労賃は1割ちょっと。経営を圧迫しているわけではないようだ。むしろ労賃を見直してみんなが溝さらいなどの細かい作業を徹底してやってきたおかげで、麦や大豆の収量が上がり、数量払いの交付金も多くなってきた。だから米価が大幅に下落した昨年も赤字にならずにすんでいる。

「もしも経営がきびしくなって見直しが必要になっても、労賃を考えるのは一番最後でしょう。まずは土づくり資材なんかの生産費を工夫しないといけない。だって、労賃は集落内に落ちるお金でしょう。生産費は集落外に出ていくものだけど、集落内のものを減らすのはなーんにも意味のないことですよ。コスト、コストといっても労賃を削るのは集落のためにはならないと思います」

（『現代農業』2015年11月号掲載）

イネの成熟期調査は2人1組みでみんなで行なう。時給は1,000円。刈り取り適期や圃場特性がわかり、施肥基準もわかるので例年一等米に（M）

8

若者3人を雇用、年配者は「出来高給」で生涯現役——労賃の支払い方でやる気アップ

（高知県四万十町　㈱サンビレッジ四万十）

小さな集落営農で若者3人を常時雇用

山あいをひた走る高知自動車道の四万十東インターチェンジを降りるとすぐに、株式会社「サンビレッジ四万十」が管理する田んぼが広がっている。その中に、ひときわ緑の濃い圃場が目に付く。ショウガ畑だ。脇には連棟のビニールハウスがあり、夏秋ピーマンがつくられている。ここは、みんなで夢を語り合い、その夢を少しずつ実現してきた集落営農だ。

代表の浜田好清さん（64歳）が、とくによかったと思うのが、後継者の育成に取り組めたこと。組合員25人、経営面積わずか12haの小さな集落営農で、30代から40代の若者を3人も常時雇用している。

「うちのように面積が限られているところでは、米だけでは収益が上がらないんです。でも園芸品目に取り組んで複合経営にしていけば、こんな小さいところでも後継者の育成ができるんですよ」

園芸品目というのが、2010年から始めたハウスピーマン30aと、2011年から面積を増やしているショウガ1・6haだ。これらに取り組んできた結果、米だけのときは700万円ほどだった販売高が、今は3700万円ほどになり、地元にUターンした家族持ちの若者3人に、毎月23万～25万円の給料を支払うことができているという。

集落内には新たな仕事も生まれた。稲の機械作業やショウガ、ピーマンなどの日々の管理作業は専従の後継者が行なうが、人手が必要なピーマンの袋詰めやショウガの収穫などは、組合員に声をかけ、みんなでやるようにした。そして、これらの作業に楽しく参加できるような労賃の支払い方についても浜田さんはつね

サンビレッジ四万十の活動母体となっている下影野集落の風景。緑の濃い圃場がショウガ畑

づね考えてきた。

ピーマンの袋詰めは「出来高給」にして楽しく

みんなでやる共同作業は基本的に同額の時間給にしている。でもピーマンの袋詰め作業だけは出来高給にしたという。

「このほうが、みんなが気兼ねなくやれるんです」

㈱サンビレッジ四万十の概要

- 2001年に1集落1農場方式の集落営農として「ビレッジ影野営農組合」を立ち上げる。2010年に将来のことを考え、県下初となる集落営農法人・農事組合法人「ビレッジ影野」に組織変更し、2014年に多角経営を目指して㈱サンビレッジ四万十を設立
- **組合員**：25人
- **経営面積**：12 ha（イネ約8ha、ショウガ1.5ha、ハウスピーマン30aのほか少量多品目野菜）

サンビレッジ四万十の代表取締役である浜田好清さん

作業はピーマンの収穫期間である5月末から11月末まで毎日あり、時間に余裕のある女性に来てもらっている。今のおもなメンバーは、80代が2人、70代が2人、60代が1人、50代が1人の計6人だ。収穫したピーマンを1袋150g（4〜5個）になるように詰めていき、30袋単位で段ボールに入れていく作業だ。

最初は全員同額の時間給にしていた。しかし、少したったとき、80代の女性から「私は引こうかね（仕事やめようかね）」と言われた。理由は「足手まといになるから」というものだった。目が遠くなってくると、A品やB品の見きわめに時間がかかったりする。実際、年配者より若い人のほうが箱を多くつくることができる。これだと不公平になってしまうので「年寄りは引こうか」という雰囲気になったのだ。

しかし、せっかく来てくれた人にやめてもらいたくない。そこで浜田さんはメンバーの意見も聞きながら、労賃の支払い方を1袋いくらで支払う出来高給に変えてみることにした。1時間でどのくらい袋ができるかを計算し、労賃全体のバランスも考えながら1袋8円33銭とした。1時間あれば速い人で3箱（90袋）ほど、遅い人でも2箱（60袋）はつくれる。これを時間給に直すと、速い人で750円、遅い人で500円ほどになる。

このように変えてからは、年配者も自分のペースに合わせて仕事ができるので、気兼ねなく作業に参加できるようになった。誰も「やめる」とは言わなくなったのだ。

集落の女性たちが楽しくやっているピーマンの袋詰め作業（写真提供：サンビレッジ四万十。以下Sも）

「みんな本当に楽しみながらやってくれるんです。収穫が始まる5月になったら『いつから行ったらえいかよ？』って催促されるくらい（笑）。ここに来ればみんなと話ができるし、少しでもお金がもらえるし、手先を動かすからぼけ予防にもなるって喜んでくれています」

ショウガの収穫は時間給を上げて人員確保

一方、ショウガの草引きや収穫などの共同作業は時間給にしている。当初はどの作業も一律750円だったのを、ここ数年は作業内容によって賃金を変え、全体的な底上げもしてきた。たとえば、草引きは、春先の気持ちのいい時期は800円、夏の暑い時期は900円。収穫作業では、機械で根切りした株を手で掘り取っていく作業は1100円、掘り取ったショウガを選別してコンテナに入れていく作業は900円。

収穫作業の時給が高いのは、大変だからだ。ショウガは秋が深まる頃、なるべく遅くまで圃場に置いておくと太りがよくなるが、霜に当たると1年間つくってきたものが貯蔵中に腐りが出てパーになってしまう。だから霜が降りる前に一気に掘り取らなければならない。忙しいし体力もいる重労働なのだ。

「最初は収穫のときに人が集まらなかったんです。町内には企業的にショウガをつくっているところがけっこうあって、時間のある人はそこへパートに出る人が多かった。うちの750円は、よそより低かったんです。それで今はショウガづくりに本腰を入れたから、町内で一番高くしようやって時給を上げた。そうしたら、よそに行く必要はないって、みんな来てくれるようになりました」

集落営農に合った労賃の支払い方とは？

浜田さんは集落営農の労賃を考えたとき、人によって差をつけるやり方は基本的に合わないと思っている。

たとえば近隣で企業的にショウガをつくるところでは、仕事ができる人に対して労賃を多く支払うことが多い。そこに通っている人からは「大きな声では言えんけど、私はあの人より100円も高い」などと聞くことがある。自分の能力が認められて一生懸命やるのもいいとは思うが、集落営農の場合、みんなの知らないところで特定の人が誰かを評価するようになると、日常的なむらの暮らしにも何か悪い影響が出てきそうだと思う。

それに、作業効率を重視する場合は、仕事ができなくなってきたときには引退しなければならな

ショウガの収穫作業。秋になったらみんなで一気にやる（S）

い。そういうやり方は、集落営農には合わないと思うのだ。

「集落営農は儲けることも大事ですけど、根底には地域を守りながらみんなで協力していこうというのがあるでしょう。自分たちの田んぼからは逃げられない。そこが一般的な企業とも違うところです。私としては、みんなでやる作業については、できる人もできない人も同じ賃金を支払いたいと思っているんです。体が動く限り作業に参加できる。ここに田んぼがあるから来ることができる。私を必要としてくれているところがあ

今年ハウスの一部で試作しているハウスショウガ。作業をしている2人が若い後継者

る。そういう気持ちをもてるような環境にできればいいと思うんですよね」

浜田さんのこの想いは、集落営農を立ち上げた当初から変わっていない。だが、ピーマンの袋詰め作業だけは、みんなに同じ賃金を支払う時間給ではなく、出来高給にした。人によって差をつけたほうが、かえって、みんなで和気あいあいと作業できる場合があったからだ。つまり、出来高給もやりようによっては集落営農でうまく使える。浜田さんはピーマンの袋詰めを通して、そう感じたのだ。

若い後継者をもう1人雇用したい

ところで浜田さん、今は若い人をもう1人雇用したいと考えている。なんと4人目だ。1人当たり月々20万円以上の給料を支払うのは、経営的には至難の業のようにも思えるが、夢物語ではないようだ。

浜田さんは若い人の雇用に対して経営的にはこんな目安をもっている。「大雑把に」だが、法人全体の農産物の販売高が2000万円以上あれば1人、3000万円以上あれば2人、4000万円以上あれば3人、5000万円以上あれば4人雇用できると見ている。

現状の販売高は3700万円ほどだ（米が約100

0万円、ピーマンが約600万円、ショウガが約1800万円、そのほかサトイモなどの野菜が約150万円)。販売額だけでは4000万円に届いていないが、「農の雇用事業」なども活用してきたので、現状では若者3人にしっかり給料を支払うことができている。ただし、農の雇用事業は2年間。2015年春で打ち切りになったので、これからが本当の勝負なのだそうだ。

ちなみに浜田さんは、雇用した若者と役員の給料、共同作業労賃を合わせた法人全体の人件費が販売額のおよそ3分の1なら経営的には問題ないと見ている。現状約1200万円なので、この点も大丈夫だ。

そして今、法人が自力で経営を回していくための新たな事業にも取り組み始めている。一つは畑に太陽光パネルを設置して売電収入を得ながら、その下で作物を育てるというソーラーシェアリングだ。計画は出来上がっていて、2015年秋に1haの圃場に80a分の太陽光パネルの設置工事が始まる。パネルの下では日陰でも育つレタスやハスイモなどをつくる予定だ。売電収入と合わせて、これらの新規作物をつくることで売り上げを伸ばす(注)。

さらに、細々とつくっているジャガイモやニンジンなどの露地野菜を拡大し、近隣の集落と連携しながら、地域ぐるみで顔の見える販売体制をつくりたいと考えている。

これらに取り組むことでの法人の売り上げ目標は5000万円に増加。実現できれば、もう1人の後継者も迎えることができる。

「私も他の役員も60代半ばです。5年後、10年後を考えると、今できることに全力で取り組まないといけない。今後高齢化で離農者が増えても、後継者を育てながら、この地域の農地や生活文化をずっと守っていける仕組みを早くつくっていく必要がある。課題は多いですよ。でも死ぬ気で頭を使えば、何でもできるような気がするんですよ」

サンビレッジ四万十のポリシーは「ちょっと背伸びしながらチャレンジする」。今後も進化していきそうだ。

(『現代農業』2015年11月号掲載)

(注) ソーラーシェアリングは2016年4月に実現し、最大出力927・5kW、年間発電量102万kWhで、年間売電収入3,600万円が見込まれている。

PART 3

米販売戦略
米は地元で売れば みんな元気になる

地元の学校などに定期的に米を届けるために、
(農) 岩戸黒瀧が自前でつくった米の予冷庫

1

地元をベースに米の8割を直販、集落ファンが続々——組合員みんなが営業マン

（広島県世羅町　(農)くろがわ上谷《かみたに》）

農事組合法人「くろがわ上谷」の米の売り方は少し変わっている。水稲20haで3000袋（1袋30kg）ほどある米のうち、500袋は農協へ出荷し、残り2500袋は組合員24人の一人ひとりが営業したお客さんに売っているのだ。米の直販比率は8割を超えている。

地域のよさを知り、営業トークに

広島県世羅町の山あいの黒川地区に、集落営農法人ができて12年ほどになる。設立して3年たった2006年、役員だった重津征二さん（現組合長、73歳）は、話し合いの場で、「自分たちで米を売ってみようじゃないか」と切り出した。百姓は生産はするが、売るのはあまり積極的じゃない。自分たちで売れる仕組みをつくれば、法人のきびしい経営もなんとか軌道に乗せられるのではないかと思ったからだ。重津さんは定年で地元に戻るまでの40年ほどは、小売業の会社でモノを売る仕事をしてきた。自分の経験を生かせるとも考えていた。

そこで、販売部をつくり、どうしたら自分たちで売れるかを考えた。まず、自分たちの地域のよさや米のよさを知ることから始めた。といっても、ふだんから当たり前のように住んでいる地域を客観的に評価するのはむずかしい。最初はみんな黙ったまま。何も言ってくれない。そこで宿題を出し、わが集落の米のキャッチフレーズを出してくれと、少し時間をかけて考えてもらった。

すると、意見がいくつか出始めた。話し合う中で、みんなが納得できたことは、大きく2つある。

一つは、標高が350～400mあり、昼夜の温度差が大きいので、米がおいしいこと。世羅町内のほか

米の販売に使うパンフレット。組合員の娘さんがパソコンで作製

(農) くろがわ上谷の組合長である重津征二さん

(農) くろがわ上谷の概要

- **組合員**：24 人
- **経営**：24ha
  食用米 20.5ha（うち、もち米 3ha)、麦 1.4ha、ブドウ 37a、飼料米 70a、その他は自己管理。もち加工もある
- 総収入は約 2,800 万円。そのうち米の売り上げは 2,400 万円ほど

の場所に比べても、その差が3度も大きくて涼しいところだ。

もう一つは、集落内のすべての田んぼは、山の中腹の溜め池から水を引いていること。干ばつでも水が涸れないようにと、先祖が昭和5年頃に開発したすばらしい溜め池で、まわりの山の小川から清流が注いでいる。天の恵みともいえるきれいな水で育てる米だから、「天水米」にしよう、という話になった。

「だんだんに言葉になってくると、ここが面白いところだって気持ちになってくるんです」

環境面だけでなく、特別栽培米にしていることや、色彩選別をしていること、予冷庫で保管できることなどのよさも加えて、自前のパンフレットをつくった。これで営業トークを共有することもできた。

「一物一価」で値段は変えない

みんなが個々に売るためのルールも決めた。まずは値段だ。これにはさまざまな意見が出た。多かったのは「大口のお客さんには値引きしたほうがいいんじゃないか」という意見。しかし、重津さんにはある信念があった。

「『一物一価』です。相手によって値段を変えると、それはどこかで必ずわかる。最初からそれをしたら、価格がバラバラになって、お客さんに信頼されなくなる」

その想いはみんなも理解してくれ、最終的には大口でも小口でも値段は変えないことにした。

また、基本的には大口のお客はあまりつくらないようにした。不特定多数の相手ではなく、自分のかかわれる範囲で販路開拓したほうが、つながりが強くなるからだ。

もう一つ、売り上げに対して4%の奨励金を出すことにした。頑張って売ったことが評価されれば励みになるからだ。

1年目で半分の米を直販できた

そうして、自分たちで初めて米を売ることにした2006年の春、重津さんはみんなの注文書(予約分)が上がってくるのを待った。24人で、1人5袋なら120袋、最初はそんなものかと、とらぬ狸の皮算用をしていた重津さんだが、7月になっても8月になっても一向に注文書が上がってこない。やはりむずかしいのだろうか。8月後半になると、やっと注文書が上がるようになってきた。

じつは注文書を書く習慣がなかったのだ。1人が提出すると、オレも、オレも、と注文書が上がるようになり、予約注文を締め切った11月までの時点で、その年にできた約2800袋の米のうち、およそ1500袋を直販できた。

「営業といっても、法人ができる前に自分で売っていた人もいたし、知り合いに声をかけるようなものだから、サラリーマンの飛び込み営業のようにむずかしいことはないと思いますね」

主食はわりあい浮気をしない

法人で直販を始めて11年になる。直販比率は徐々に伸びていき、今では8割を超えるまでになった。お客も総勢で250人ほどになった。

どのような人かというと、重津さんの例では、38人ほどいる。かつて勤めていた職場の仲間やその知り合いが多く、ほとんど福山市や尾道市などの近隣市町村に住んでいる。注文数は合計で350袋ほどだ。友達や親戚にも配りたいと、1人で20袋近く買ってくれる人もいる。最近多いのは、お客さんが自分の子どもに送り、その子どもが新たなお客さんになってくれること。重津さんの知らないところで広がっていくケースも出てきた。

法人のメンバーの中ではお客さんの数が多い人で40人ほど。少ない人もいるが、奨励金のせいもあって、みんな気合いが入っているという。

2014年産は、米の市場価格が激しく下がった。地域の農協の買い取り価格は、30kg1袋が前年より1300円も安い5700円。一方、法人の販売価格はこれまでとほぼ変わらない1袋8500円（コシヒカリ、玄米）。地元のスーパーでもかなり安い米が出回り始めたので、重津さんもさすがに今年はお客さんの数が減るのではと覚悟していたが……、「減ることはなくて、増えているんです。主食って、わりあい浮気しないんだなあって実感しました」。

集落のファンをつくる収穫感謝祭

お客さんが心移りしないのは、お礼の意味を込めて毎年秋に開催している収穫感謝祭の存在も大きいようだ。

10月の第1日曜日、集落にお客さんを招き、前日から仕込んだ料理や、ちょうど食べ頃になるブドウのピオーネをふるまったり、もちつきをしたり、サツマイモの収穫体験をしたり、おおいにもてなしをするのだ。「みんな、本当に楽しみにしてくれているんです」

組合員の家族も含めると、総勢250人くらいが小さな集落に集まって、ワイワイ楽しく交流して盛り上がる。

「一瞬ですけど、集落の人口が3倍以上に膨れ上がるから、面白いですよ」

そしてこの日、予約していた新米を買ってもらうのだ。

人とのつきあいの中に米販売がある

お客さんは収穫感謝祭に一度来ると変わるという。自分が予約した法人のメンバーの顔がわかるので、その後もそのメンバーの家に定期的に米を取りに来てくれるようになるのだ（メンバーは法人の担当者に話して米を倉庫から出してもらい、代金を回収して法人へ入れる）。1家族で1年分予約してくれる量は、だいたい30kg袋で3～5袋。だから最低でも年に3～5回は足を運んでくれる。お客さんは9割以上が福山市や尾道市、東広島市など車で1時間圏内に住んでいるので、週末などに気軽に来ることができる。そして米を取りに来るついでに、自然豊かな世羅高原で遊ぶことを楽しみにしている。春はシバザクラなどの花観光、夏や秋は果物狩りができるからだ。

米の乾燥機や予冷庫などが入っている倉庫。収穫感謝祭のときはひさしの下に250人が集って飲み食いする

収穫感謝祭に来た人が事前に予約した新米を買っているところ

「ツクシをとりに来たりね。この前は子どもがメダカをすくいたいって家族5人で来たから、ワシも一緒に田んぼに行って、もう、たっぷりドジョウやメダカをとって帰った（笑）。子どもは田舎を喜ぶなあ」

お客さんが米を取りに来ると、せっかく来てくれたからと、野菜や味噌をあげたりするメンバーが多い。そのために、みんな今までよりもたくさん野菜をつくったり、味噌を仕込むようになってきた。重津さんもパプリカやアイスプラントをせっせと栽培し、サバを使った地元の逸品漬物のハクサイ漬けなども大量につくるようになった。田舎暮らしのお裾分けとしてあげると、とても喜ばれるからだ。

「最初は米を売ることが目的だったけど、今は人とのつきあいの中に米の販売があるっていう感じかな。この暮らしを楽しんでくれる人とのつきあいみたいな……」

メンバーそれぞれがこのような個々の関係を築いているからか、代金回収ができないといったトラブルが起きたことは一度もない。そして、米の値段が安くなった今、地元を基盤としたこの米販売は、法人の経営としても大変助かっている。

法人としては、米の収量の底上げなど、課題はまだまだ多いというが、集落のファンを増やしながら米を売るスタイルが築けたことは、みんなよかったと思っている。

（『現代農業』２０１５年４月号掲載）

2

老人ホームから学校まで——米を地元で売るとやる気もアップ

（広島県北広島町　㈱岩戸黒瀧）

（農）岩戸黒瀧の代表理事である小堀敏臣さん

（農）岩戸黒瀧の概要

- **組合員**：57人
- **経営**：34ha……食用米20ha、米粉用米6ha、飼料イネ4ha、ネギ60a、麦30aなど
- 総収入は3,400万円ほど
- 米の加工品である「おこ麺」、麦焼酎・日本酒などの加工品づくりにも少し取り組んでいる

前項の㈱くろがわ上谷のように、組合員総出で営業しているわけではないが、やはり地元に目を向けた米の販売に力を入れている集落営農がある。同じ広島県内の農事組合法人「岩戸黒瀧」だ。学校や老人ホームなどにも目を向けて米を販売し始めた。

米の半分近くを地元で販売

広島県の県北、島根県との境にある北広島町に、岩戸黒瀧はある。法人の運営を切り盛りしているのは7人の理事だ。その中には13年前の設立当初に経験した危機感を今ももっている人たちがいる。代表理事の小堀敏臣さん（63歳）が、そんな話をしてくれた。

「ここは10年近くかけて法人を立ち上げたんだけど、最初は2年くらい赤字続き。集落営農が倒産したら農地は守れなくなる。そういう経験を忘れないから、うちの理事たちは熱いよ。理事会は30分で終わる法人もあるが、うちは3時間以上。販売戦略はどうだ、赤字部門はどこか、機械の修繕費はどうだとか、もう喧嘩かというくらい議論する。そこまで真剣に議論できるからいいんだろうね。みんな本気になってくれている」

法人の現在の経営は、主食用米が20haあり、そのほか、転作対応に始めた米粉用米（全農広島と契約）が4ha、6ha、飼料イネ（地元の畜産農家へ販売）が4ha、雇用確保のために始めたネギが60aほどある。

米価が下がってきた中で、これら転作品目にも取り組んできたわけだが、やはり収入のベースは主食用米だ。変動する米価に左右されない販路を開拓し、少しでも有利販売につなげたいというのが、理事たちの共通した思いだった。そこで10年ほど前から、米の売り先をさまざまに開拓するなかで、地元での販売に力を入れてきた。

2014年産の場合、約3200袋（1袋30kg）ある米のうち、約1700袋は農協や県内の米卸数社へ出荷し、残り1500袋ほどはすべて地元で販売している。特別養護老人ホーム、中学・高校、道の駅、組合員の縁故米などだ。

老人ホームから、学校、道の駅まで

地元での最初の米の販売先は、法人の事務所から3kmほど先にある老人ホームだった。法人の理事が営業に出向き、老人ホームの事務長に「どこの米を使ってます？　うちの米を使ってもらえませんか」と率直に話してみると、「地元の米なら少し使ってみましょうか」と話が決まった。ただし、精米した米を定期的に配達することが条件。車で5分のところだから配達はできる。でも当時は法人で精米機を持っていなかったので、農協で米を保管してもらい、精米も委託して届けるようにした。最初は年間50袋の契約。その後は施設の増設などもあって注文数が増え、今では180袋ほどになっている。定期的に毎回40～50kgの米を届けている。

学校への米の販売は、最近始めたことだ。やはり3km先にある中学・高校の一貫校。合わせて450人ほどの生徒は寮生活している子が多い。その寮や学食で使う米を届けている。あるメンバーが、学校の理事長が「地元の米を食べさせたい」という思いをもっていると聞いてきたので、小堀さんがすぐ訪問し話をしたら、二つ返事で使ってくれることになった。量としては年間420袋。老人ホームと同様に、精米した30〜40kgの白米を毎日のように届けている。

そのほか、地元の道の駅での販売もある。ここでは玄米のまま出荷して、店頭で量り売りするスタイル。米がなくなると連絡がくるので配達している。最近は徐々に人気が出てきて年間150袋ほど納めている。

「営業といってもここは田舎だから、知り合いばかり。アンテナを立てとくと、いろんな話がありますよ」

2014年産米は価格が大幅に下がり、農協の販売価格は30kgで過去最低の5200円（概算金4700円に500円の追加金）。法人では6000円を下回ると赤字になると試算しているので、これではきびしい。一方、老人ホームや学校は精米出荷していることもあり、農協より3000〜4000円ほど高い価格になっている。玄米出荷の道の駅でも1500円ほど高い。採算的にはやっていけるラインだ。

「ただ、米を売るのとは気持ちが全然違う」

これらの地元での販売は、少しでも収入を増やして経営を安定させるために取り組んできたことだが、地元にこだわる理由はそればかりではないという。

「老人ホームには組合員の家族も多い。学校には孫が通っている人もいる。そうなると、ちっとでもいい米をつくって、いいものを食べてもらいたいって気持ちになる。これはもう、ただ、米を売るのとは気持ちが全然違う。だから、60歳を過ぎても頑張れるし、みんな元気になるんよ」

法人では、これまでも食農教育の一環として、学校の生徒たちに田植えやシイタケ植菌などをさせる活動を積極的にやってきた。そうして交流していくと、面白い展開になることもある。法人で「おこ麺」という米を麺にした加工品を開発したときは、商品のパッケージに使う挿し絵を中学校の生徒に描いてもらった。最初は先生に相談してみたら、それはいい話だと、すぐに授業で生徒に絵を描かせ、選んで持ってきてくれた。その絵がとても評判がいい。こんなつながりもあるので、学校で使う米の話もスムーズに進んだのかもしれない。

縁故米は値段を下げない

地元で売る米で、今もっとも量が多いのは、組合員の縁故米だ。800袋ほどあり、値段は1袋7500円となっている。米の値段が大幅に下がった昨秋、縁故米も値下げするべきかどうかと小堀さんは迷った

新しく導入した精米機（約50万円）と、後ろが自前でつくった米の予冷庫（約130万円）

米の加工品としてつくっている「おこ麺」。右下の絵が地元の神楽をモチーフにして中学生に描いてもらったもの

が、地代（10ａ1万5000円）を下げない代わりに、縁故米も値下げしないことにした。

みんなわかってくれたのか、誰も文句を言わずに買ってくれた。平均で1戸当たり15～20袋。兄弟や子どもに送るだけでなく、友人などへの土産にする人も多い。集落のメンバーが買い支えてくれている面もある。

精米事業は米の六次産業化

法人では2014年、180万円を投資して米の予冷庫と精米機を導入した。これまでは保管や精米を農協に委託してきたが、お金はなるべく外に出さないで、少しでも地域に還元すべきだという理事の熱い意見のもと、精米事業を立ち上げたのだ。玄米でふつうに農協に出荷するより、白米にして売れば2倍近い売り上げになる。さらに雇用の確保につながる。「これが米の六次産業化だと思う」。

これからは白米販売をどう展開するか、ネギの加工品を開発できないかなど、小堀さんはさらなる作戦をいろいろと考えているところだ。

（『現代農業』2015年4月号掲載）

3

集落内で米をすべて買ってもらう仕掛け

（農）橋津営農組合よりもの郷理事　仲　延旨

米価下落に対応し、麦や大豆を拡大

農事組合法人 橋津営農組合「よりもの郷」の運営理念は「集落を守り、みんなで楽しく利益の上がる農業の実現」です。設立時の経営面積は4・7haで、県下で最小の弱小法人でした。それでも、水稲・麦・大豆を中心に農地の利用率を高め、必死に経営の自立化に取り組んできました。しかし、圃場整備率50％のため、一筆10aにも満たない圃場では主力の稲の作業時間が10a当たり31時間かかり、総生産原価は1俵（60kg）当たり1万3200円もかかっていました。

米の価格が低下する中で、7年ほど前から、麦・大豆・飼料稲（大豆の連作防止として）の転作を中心とした経営に転換しました。麦は焼酎用の二条大麦（地元の焼酎メーカーと農協を通じた契約栽培）、大豆は付加価値の高い黒大豆（農協を通じた契約栽培）、そのほか常時雇用者の作業時間の確保と資金繰り改善のために、冬場のタマネギ栽培と、ヨモギもちの加工にも取り組んでいます。

米は価格が高くても集落の人が買ってくれる

水稲の面積は減らしてきたものの、集落内で消費する分については十分確保しています（約3ha）。そして、その米は集落内で販売するようにシフトしてきました。

2014年産米の価格は、農協の一等米の仮渡し価格が一俵60kgで8700円と、いまだ経験したことのない安値でした。宇佐平野の多くは二等米だったので、さらに安く8100円でした。法人ではメンバーの努力の結果、米の総生産原価を一俵1万800円まで改善していますが、これでも明らかに赤字になります。

でも、今年も集落のみなさんは、1俵1万4000円で買ってくれました。米を自作する組合員（利用権を設定しているが、作業を再委託している農家）の余った米についても、法人が1俵1万2000円の高値で買い上げ、法人の米と一緒に集落内ですべて販売できました（30kg袋で約570袋）。

集落の中には、もっと安く販売する近隣集落の農家から買う人もいましたが、多くの人が「スーパーで買うより安心できる。地域のために頑張る法人に協力する」と言って、自分の親戚や知り合いの分まで買ってくれる方も多くいました。ありがたいことです。

水稲の面積はわずかとはいえ、米の売り上げは、法人全体の売り上げの約3割を占めます。経営的にも軽視できません。地元での販売は、米を集落内で自給するという意味もありますが、経営的に見ると、大きな価格変動もなく、流通コストのかからない効率的な販売方法ともいえます。

ちなみに、米の注文は、イネ刈り前に注文書を回し、刈り取って乾燥調製後、11月頃に各家に配達しています。

新米2合を集落全戸にプレゼント

集落の多くの人が米を買ってくれるのは、「地元に愛される法人」をめざして、さまざまな活動をしてきた成果の表れかもしれません。たとえば、傷物タマネギの配布。1ha近く栽培すると、少し傷がついて出荷できないタマネギが3t近く出ます。ふつうは圃場へすき込みますが、これを集落の人に開放すると、一輪車などに山ほど持って帰る方もいて、とても喜ばれます。また、麦の刈り取り後は「家庭菜園用に麦ワラをどうぞ」と圃場開放すると、これも喜ばれる方が大勢います。

そのほか、子どもたちの通学路や地域の散歩道のアゼ草刈り、秋には家族ふれあいエダマメ刈り大会（無料）、敬老会でのヨモギもち配布などもみなさん喜んでくれます。最近は、正月用もちの加工販売や、農機具倉庫でのふれあい直売等のイベントも行ない、積極的に集落との交流を図っています。

また、新米ができたときは、日頃の協力のお礼メッセージカードを添え、新米2合パックを集落全戸（140戸）に配布しています。地元の新米をいち早く味見できるということで、みなさん喜んでくれます。多

集落の人対象に行なっている参加費無料のエダマメ刈り体験。毎年150人ほど集まる。刈ったエダマメを軽トラに山積みにして持ち帰る人もいる。秋は黒大豆を収穫後、取り残し分を正月の黒豆用に持ち帰ってもらう

少手間もかかりますが、地元の米のおいしさを実感して、米を買ってくれる人が増えているのではないでしょうか。

法人をつくって集落が変わり始めた

法人ができて9年がたちました。大きな変化としては、集落内の耕作放棄地がなくなりました。営農面では、法人を中心とした農地の利用調整でブロックローテーション転作を行ない、裏作はすべて麦を栽培し、農地の利用率が200%になりました。最近は、組合員の理解を得て、畦畔を除去する「せまち直し」もできるようになり、作業効率がさらによくなりました。

集落全戸（140戸）にプレゼントする新米2合。必要な米は60kgほど。2人で半日かけて袋詰めし、市の公報などを配布する自治区の役員に一緒に配ってもらう

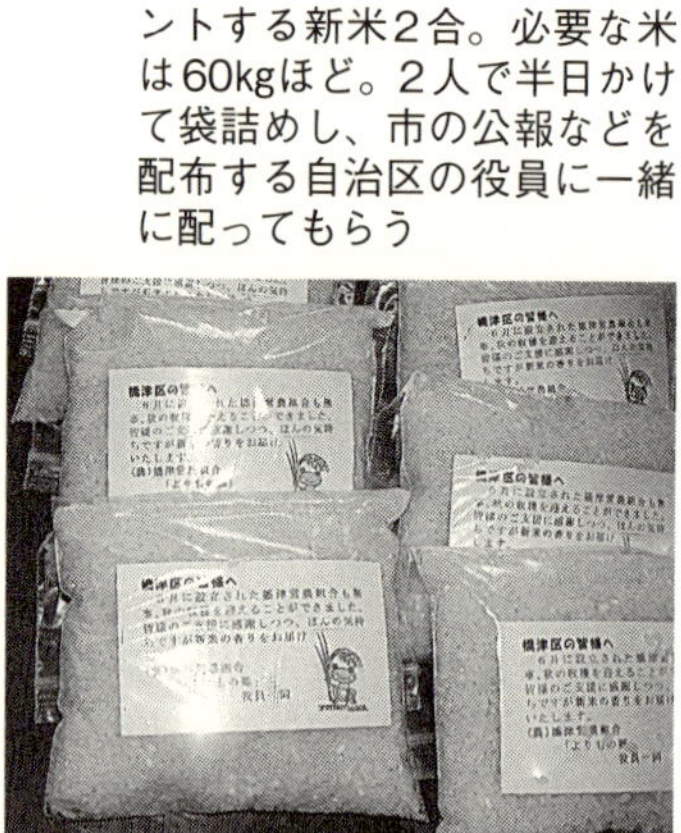

また法人では、自前のパソコン簿記経理をし、部門別の生産原価を考えた営農計画目標を立て、爪に火をともすような徹底したコスト管理をしています。わずか16haほどの経営規模で、3人の専従者の賃金や小作料として集落に落ちるお金が1400万円を超えました。集落のみなさんが、本当に法人のよさを実感し始めてくれています。

橋津集落も高齢化が進み、9年前は元気だった農家が、病気で離農して半分以下になりました。140戸の集落内には、空き家が12軒も出てきました。これからは、農業だけでなく、米の精米宅配、自家菜園や庭木の手入れ、空き家の管理、高齢者からの生活支援要望などにも応えていかなければならないと思っています。

（『現代農業』2015年4月号掲載）

4

地元の酒米で乾杯！　酒蔵のピンチを機に地域の力が酒米に結集――2年で作付面積5倍

（石川県白山市（旧山島地区）㈱うちかた）

㈱うちかたの田植え

吉田酒造の「手取川」。石川門の純米吟醸生原酒（1,800㎖ 3,400円）。こうじ米は精米歩合50％の石川門、掛米は55％の石川門。すべて㈱うちかたでつくった酒米（写真はすべて吉田酒造提供）

地元の酒蔵が危ない！

「じつは、少し前は、酒米が足りなくて、倒産するかもしれないという状況だったんですよ」

手取川が流れる石川県白山市安吉町（旧山島地区）で明治3年から続く酒蔵・㈱吉田酒造（2600石、従業員18名）の5代目社長・吉田隆一さんが数年前をふり返る。

兵庫県産の山田錦を3割と、地元の山島地区を中心に石川県産の「五百万石」（掛米用）や「石川門」（こうじ米用）7割を、全農を通して購入し、日本酒をつくってきた。県外産をできる限り減らしてきたのは、輸送料がかかることと、「手の届く範囲でやれる酒づくり」をしたかったからだ。

だがこうじ米も掛米も、天候不順の影響ということで、前年に契約した分の7～8割しか届かないという年が続いた。「売り先はあるのに、酒がない」という状況だ。

「そんなとき、『吉田酒造が危ないぞ』と聞いた地域の農家の方々が、酒米の作付面積を大きく増やしてくれたんですよ」

27haから一気に120ha

山島地区を含むＪＡ松任管内の酒米の作付面積は、２０１３年には27haだったが、翌年には農家44人で「山島の郷酒米振興会」が結成され75haに。２０１５年には約１２０haとほぼ5倍まで増えた。早生の主食用米「ゆめみづほ」が、同じ作期の五百万石や石川門に置き換わった格好だ。

２０１４年からは、全農を通さず、ＪＡ松任を通しての契約栽培となった。ＪＡ管内の作付面積のうち、約半分の64haが吉田酒造の酒になる。吉田さんのめざしてきた「手の届く範囲でやれる酒づくり」ができるようになった。

吉田さんは、振興会の集まりで、農家と米や酒のことについて話し合ったことが新鮮だったと言う。

「酒米の入手に困っていた私は、てっきり、米は足りないものだと思っていました」

しかし実際は「米余り」で主食用米が安くて農家は困っており、ギリギリで田んぼを続けている。吉田さんは、酒米の値段が安くなると以前は嬉しいと思っていたが、それでは田んぼを手放す人が増えて困る、と考えるようになった。

同じ手取川の水を使うものどうしスクラムを組み、地域の田んぼを守っていきたい。そこで、酒米の価格はなるべく高くしようと相談。２０１５年の買い取り

収穫直前の石川門。五百万石と似て穂が大きいのが特徴だが、千粒重は26ｇと五百万石より大きい

価格は、石川門、五百万石とも1俵1万5000円（一等米）だった。一等米コシヒカリよりも約2000円高い価格だ。

酒米安定供給のための栽培技術

▼緩効性肥料と鶏糞・牛糞で地力を補う

この取り組みを支えるのは、酒米栽培の技術。焼酎ブームに日本酒が押され、酒米栽培が減少する20年前までは、五百万石の産地だった経験が生きた。

振興会のメンバーで、山島地区の神保内方町の全戸が参加する集落営農法人 株式会社「うちかた」は、作付面積の8割、10haが石川門だ。

代表の大西吉行さんによると、かつて五百万石をつくっていたときは「連作障害のように、年々収量が下がっていった」。それとともに、心白も出にくくなる。この地域のような、肥料の流亡が多い砂利田で酒米をつくると、そうなるようだ。

かつてはリン酸が25％も入った化成肥料や、6月中旬のカリ追肥で補ってきたが、今は高齢化の時代である。何度も田んぼには入れない。リン酸やカリは、前年秋に発酵鶏糞を10ａ60kg（振興会の他のメンバーは、牛糞堆肥を2ｔ）と、春に、く溶性のリン酸とカリ、ケイ酸、苦土が入った「ＰＫシリカ」を40～60kg散布。砂利田でチッソが切れやすいのは、緩効性の元肥一発肥料（チッソで10・8kg）で補う。

石川門は晩植えで高品質に

石川県が開発した「石川門」は、山田錦よりも米がもろく、大吟醸のような高度精白には向かない。だが、米の内部に水を保つ力が強く、こうじが活動しやすい点で、こうじ米に向く品種だ。

うちかたでは、作付けする石川門のうち、半分の5haを6月初旬に晩植え（遅植え）している。ＧＷ（ゴールデンウィーク）植えだと出穂時期が7月下旬だが、1カ月遅らせると8月中旬の出穂になる。

涼しくなる中で登熟した石川門は、吉田さんいわく「もろみの中で溶けやすく、コクのある、甘みの強い酒になる」。米の中のアミロペクチン（デンプン）の結合が弱まり、分解しやすくなるからだ。

また、高温障害を避けることによって、乳白と心白がつながり米がもろくなる「流れ心白」も防ぐことができる。

だが、収量が半俵ほど減る点と、乾燥調製施設のないうちかたでは、コシヒカリと収穫が重なるライスセンターが使えず、集落外の農家の乾燥施設を頼んで借りなければならない点がネックとのこと。

安定多収の密植細植え

一方、酒米生産をずっと続けるために、ＪＡ松任では「密植細植え」を提案している。坪70株で、50〜60株植えと同じ苗箱数（16箱程度）しか使わない。つまり、栽植密度を高める代わりに、1〜2本の細植えにする。

早生で生育日数の短い五百万石は密植のほうが半俵ほど収量が上がる。密植しても、細植えだと株の下まで日当たりもよく、整粒歩合がよくなる。

地域で技術を結集させ、山島地区内に酒米を定着させるべく、誰もが本気なのである。

（『現代農業』２０１６年１月号掲載）

前列左端で米袋を持っているのが市河憲良組合長

5

集落営農のおいしいお米
――縁故米と直売所で72tは軽く売れます
（山口県阿武町　(農)福の里）

役場のある町の中心部から車で20分以上、山道をひたすら上った標高４００ｍの田んぼの中。農事組合法人「福の里」がそんな場所に直売所をオープンしたのは２００６年。

営業日は水・土・日・祝のみだが、年間の売り上げは２５００万円以上。しかもその半分は米や米の加工品で稼いでいるというから驚きだ。

直売所に30kgの米袋の山

「ちょうどイベントがあるから、取材するならその日がいいですよ」

福の里の組合長市河憲良さん（66歳）にすすめられた11月のある日、福の里の事務所兼直売所を訪ねた。イベント当日の朝とあって、オレンジ色のユニフォームを着た福の里のメンバーはみんな忙しそうだ。

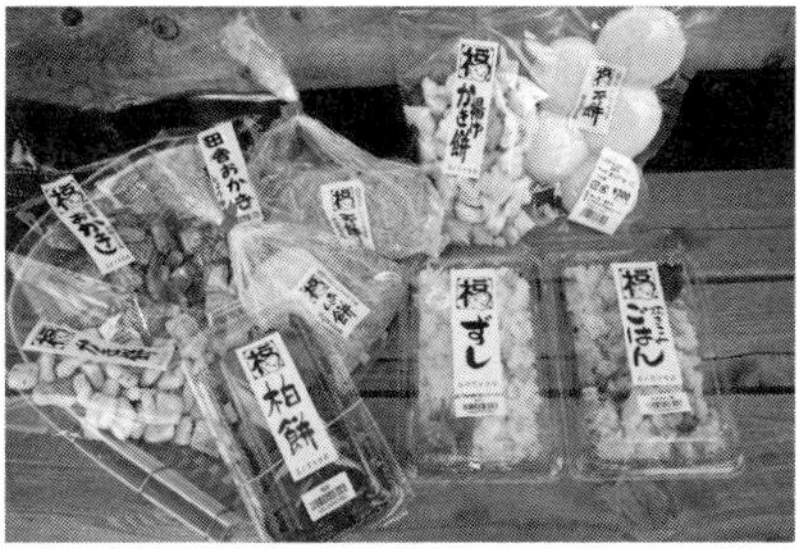

福の里女性部の米加工品の数々。40俵ほどの米を消費し、売り上げは年間1,000万円以上だ。加工品を食べておいしかったからと、お米を買っていくお客さんも。一番人気は「揚げかきもち」(250円)

30kgの米袋の山。常連さんは30kg袋を購入することが多く、取材の日は一番多い人で30kgを２袋購入していった

市河さんの手が空くまでの間、先に直売所を覗いてみることにした。山積みのハクサイ、ホウレンソウ、ネギ、シュンギク……と、新鮮野菜がズラリ。なんと山の中なのに鮮魚まである。

「町の道の駅から朝運んでもらってるんですよ。帰りの車に福の里の加工品を載せて帰って、それを道の駅で売るんです」

なるほど、出荷の手間を省くいいアイデアだ。新鮮な魚はとくに地元の人に人気のようで、並べたそばからどんどん売れていった。

ほかにも果物や地元の牧場で育った無角和牛の肉製品、地元の職人がつくる竹細工、手工芸品など魅力的な商品がさまざまあるが、ひときわ存在感を放つのは、入り口脇にドンと無造作に積まれた30kgの米袋の山だ。

「5kgとか10kgの袋も置いていますが、最近は30kg袋で買う人が増えてるんです」

電話で市河さんがそう話していたのを思い出した。さらに陳列台には、おいしそうなご飯の数々。炊き込みご飯に山菜おこわ、お寿司もある。たこめしは本日限定。もちの種類も丸もちにあんもち、おみやげによさそうな真空パックまで。焼いたかきもちに揚げたかきもち、おかき、米粉クッキーなどおやつ類も大充実

の品揃えだ。

米価下落と交付金半減で3800万円の減収

福の里がある旧福賀村の福田地区は四方を山に囲まれた盆地で、地元では昔からおいしい米がとれる地域として知られる。農家1戸当たりの平均面積は1haと中山間地にしては大きく、法人ができる前は各家が大型機械を揃えて、隣が新型を買えばうちも……と競い合いながら「おいしいお米」という地域の誇りを守ってきた。

当然農地への思い入れも強く、法人設立時にはいろいろと反対意見も出たが「やれるまでは自分でやればいい。でも農地は誰かが守らないと」と、法人化に踏み切った。2003年のことだ。

その後、機械の更新や高齢化を理由に農地の集積は年々進み、5集落30haから始まった福の里は、いまや7集落111・4haの農地を任される存在になった。

設立時から組合長を務める市河さんは、「もらえるものはもらって、出すものは出さん」というポリシーのもと、中山間地域等直接支払や農地・水、最近では農地中間管理機構なども積極的に活用して、地域にカネを落とすことに力を注いできた。法人の取り組みは何度もさまざまな賞を受賞。「うちの法人がダメになるようなら、日本中の法人はダメになる」と市河さんがいうほどのモデル経営だ。だが、そんな敏腕組合長にとっても、2014年産米の米価下落の衝撃は大きかった。なにせ主食用米の作付けはもち米2ha、コシヒカリは84haもあるのだ。

「だいたい3800万円ですかね」

米価下落と米の直接支払い半減で減る収入だ。農協の概算金は前年より3240円安い1俵9000円。事態は深刻だ。

5kg2000円、価格では勝負しない

直売所と加工所は「地元のおいしいもち米でおもちをつくって販売したい」という女性部の熱い要望で、県の事業を活用して建設した。週3日ほどの営業だが、地域のお年寄りや女性たちにとっては、小遣いを稼ぎながらおしゃべりも楽しめる、この地域で暮らす生きがいそのものだ。

2013年の売り上げは約2530万円。そのうちお米は自慢のコシヒカリともち米を合わせて約700万円で、量にすると700袋（1袋30kg）にもなる。販売価格はもち米が5kg2200円、コシヒカリの白米

は5kg2000円、玄米30kgなら9000円とけっして安いわけではないが、売り上げは年々伸び続けているという。

「お客さんは、ここのお米はおいしいからって気に入って買っていくんですよ」

米の直売ももう9年目。30kg袋をじゃんじゃん買うようなリピーターのお客さんも、初めてのお客さんも「福の里のおいしいお米」を求めて山の中までわざわざ来てくれる。

福の里にはじつはふだん店頭には出していないもうワンランク上の米もある。こちらはタンパクの値が6・9以下のもので、玄米30kg9500円。2014年は夏の長雨で量があまりとれなかったので、裏に隠しているのだが、「一番いい米がほしいという人もけっこういるので、早いもの勝ちって感じですね」。

農協に全量出荷、買い戻して販売

「ここらの土質は4種類。米の味は土質で決まる部分が大きいので、いい米がとれる田はだいたいわかっとるんです。そういう田の米は農協のカントリーに持ち込まずに、私が個人で経営するライスセンターで乾燥調製して袋詰め。連番がついた『エコ50』のシールを貼って農協に持っていくんです」

そうして出荷した米は袋ごとに検査してもらい、品質が一等米で整粒80％以上のものだけを、直売所用と組合員の保有米・縁故米用として福の里が農協から買い戻している。量は年によっても変わるが、2014年産はだいたい2400袋、72tの予定だ。

じつは直売所をつくった最初の年は農協を通さず、米屋に直接売ったのだが「無検査米は売りづらい」と嫌がられた。「やっぱりちゃんと検査して『いい米』って証明してもらったほうがいい」。そう実感したので、翌年からは全量を農協に出荷して、いい米だけを買い戻して販売する今のやり方にした。

ただ気になるのは、農協から買い戻すときの米の価格だ。2014年産米の場合だと、概算金9000円で出荷した米を、農協から1万3000円で買い戻した。直売所では安くても30kg9000円、1俵にすると1万8000円で売るので、損をするわけではないのだが、なんだか農協に余計に取られている気もする。「出荷までしなくても検査だけお願いすればいいのでは？」とも思うが、市河さんは「買い戻すっていってもわれわれは生産者だから、多少は最終精算で戻ってくるんですよ」。

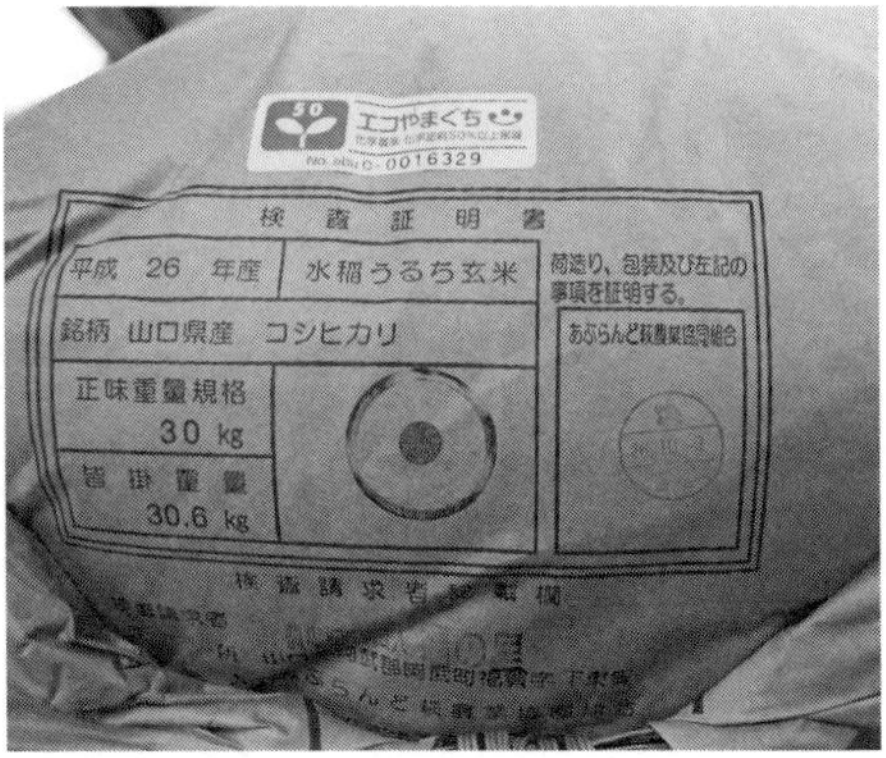

30kg袋にある検査証明書と「エコ50」のシール。中央のマルの中に点があるのが一等米の印。「エコ50」というのは、山口県が認定する農薬と化学肥料を慣行栽培の半分以下に抑えた栽培方法で、福の里のコシヒカリの圃場はすべてこの「エコ50」に統一。さらに福の里ではシールに印字された番号を利用して圃場の場所や防除の担当者など、詳細な履歴がわかるようにデータを管理しているそうだ

剣豪・佐々木小次郎の墓が福田地区にあることから新たに登場した「小次郎米」（2kg 1,100円）。米袋は農協がつくってくれた

それに保管場所や米袋についても農協に任せたほうがラクな面があるという。ＪＡあぶらんど萩は米の独自販売に力を入れているので、ブランド米として販売できる福の里の米は他の米と分けて低温倉庫で保管してくれるし、オリジナルの米袋をつくってくれたりもする。どうせ検査するなら一度農協に持っていくことになるし、販売もすべて自分でやるとなると事務作業に手間がかかる。

「お互いちょっとずつ助けあってって感じやな」

保有米と縁故米に９００俵!!

そして福の里では直売所以外に、市河さんすら把握していない米の販売ルートもある。それは組合員の注文する保有米や縁故米だ。組合員は事前に注文しておけば、直売所で買うより安く20袋までは１袋７０００円、それ以上は８０００円で無制限に購入できる。

２０１４年産の保有米と縁故米は、全部で１８００袋９００俵分の予約があった。これは、直売所で売れる量のじつに3倍!!　それだけでも法人の売り上げは１２６０万円以上になる計算だ。

かなりの量なのだが、買うほうの組合員は１４０人程度しかいない。高齢者も多いうえに、夫婦で１人ず

イベントの目玉は福の里恒例のもち投げ。「米価が下落しようが祭くらいぱぁっとやらな！」ということで２日間で計4俵分ものもちを用意したそう。老若男女が大はしゃぎだった

直売所の脇にある精米機。中山間地域等直接支払交付金で購入した。縁故米はJAや市河さんの家の倉庫で保管、随時直売所で引き渡すことになっているので、そのまま精米できると大変な人気。営業日なら直売所から発送もできる

つ組合員になっている家もあるから、戸数でいえば100戸ほど。

「子どもらに送るぶんを考えても多い。みんなそれぞれ昔からのつきあいで、遣いもの（贈答品）に使ってるんだと思うけど」

市河さん自身も毎年個人的に約170袋を福の里から購入している。自分の家族用と萩市内の知り合いに売るほか、大阪に嫁いだ姉が、大阪の寿司屋や友人たちに注文を取ってまわったりしているのだという。縁故米といってもお金はきっちりもらっており、立派な個人産直。大阪にもすっかり福の里ファンになった人が多くいるらしい。

市河さんは特別多いほうではあるが、他の組合員でも70袋や80袋の注文は珍しくない。昔から「おいしいお米」として知られる地域だけに、各家が萩市内や山口市内の飲食店や旅館などに、長年つきあいのある売り先を持っているという。

「7000円や8000円で買った米をいくらでどこに売っているかは知りません。でも安く米が手に入るのは組合員のメリットですし、法人としても助かります」

農家の縁故米は知人や親戚に無料や格安で配るお米

だが、法人にとっては立派な商品だ。それに「注文数は毎年だいたい同じくらい。高齢で亡くなる組合員さんがいても不思議と減りません。むしろ若干ですが増えてるくらい」。法人化しても、個人のつながりは強固なままということだ。

これまで保有米や縁故米の値段もずっと変えずにやってきたが、さすがに2014年産は理事会で値下げの話が出た。直売所のお客さんとは違い、組合員はみんな農家だ。概算金が暴落したニュースは当然知っているだろう。

「でも結局値下げはやめました」

前述のとおり、ただでさえ法人の経営は苦しいのが実情だ。5kg当たり100円の値下げでもこたえる。

「値下げは数が多いぶん法人のほうが大変。でもお米を買ってくれる組合員さん一人ひとりにほんのちょっと高いのを我慢してもらえばこちらは大変助かるし、法人もつぶれないですむ。実際組合員さんからまったく文句は出ていません。お米を買って法人や地域を応援してもらっとる、そう考えるようにしています」

米をめぐって地元でおカネがまわるしくみ、ここではうまく機能している。

（『季刊地域』2015年冬号掲載）

6

地産外商は地元出身者から

（島根県雲南市　阿用地区振興協議会）

「エコ米ほたる姫」をつくるアヨ有機農法塾のメンバー。地元出身者への直販は永瀬康典さん（左）、イベント用は内田光訓さん（中）、地元保育園の給食は鳥谷悦雄さんと、それぞれ売り先が分かれている（写真：高木あつ子。以下同）

旧大東町阿用地区は16の集落（370戸・1,100人）からなる小学校区。2004年の町村合併を機に、公民館活動の「阿用地区振興協議会」は地域づくりの自治組織になった

値下げしなかった

「ここは5反百姓が多いのでみんな小さい田んぼでしょ。でも阿用川の冷たい水のおかげで米は抜群にうまいのが自慢なんです」

そう言いながら、阿用地区振興協議会会長の永瀬康典さん（66歳）は近畿地方の「旧大東町出身者」に送る新米の荷造りを始めた。

減農薬・減化学肥料の特栽コシヒカリ「エコ米ほたる姫」は10kg白米で4000円（送料別）。1俵（60kg玄米）で計算すれば2万1400円の米になる。2014年産米の概算金9000円と比べると、1万2400円高い。

この秋はスーパーに激安米が並んだが、永瀬さんは

近畿大東会の会員に送る「エコ米ほたる姫」には、振興協議会が毎月発行する広報「阿用地区振興協議会だより」も同封する

エコ米の値段を下げなかった。地元出身者はふるさとのおいしい米なら納得して買ってくれるのがわかっていたので、例年どおり25軒ほどに、約７００kgのエコ米を送る予定だ。

「概算金で決められちゃう米の値段と違って、お客さんとの信頼関係で値段が決められるのが産直の醍醐味。スーパーの米よりちょっと高くても、ふるさとの米を食べたいという人はけっこう多いんです」と永瀬さん。地元出身者への米の産直は２０１５年で8年目になった。

エコ米だから売ってみたい

きっかけは２００４年、阿用地区振興協議会の活動の一つとして「アヨ有機農法塾」が設立されたことだった。目的は有機・減農薬栽培の勉強会。会員は50人ほどだが、大半は野菜部門で、エコ米の栽培に挑戦したのは5人だけだった。当時定年間際だった永瀬さんも42aの田んぼで実践。

「最初は家で食べる分くらいのエコ米しかつくってなかったけど、米の値段が年々下がってるし、少量でも自分たちで値段をつけて売ってみようとなったんです」

といっても、これまではメンバーの大半が農協出荷で、自分で米を売るのははじめての試みだ。当初は、近所のコイン精米機で精米したエコ米を一つずつ袋詰めして、地元の直売所や松江市内のスーパーの産直コーナーに2kg１０００円で並べてみた。

「惨敗です。10袋出して売れたのは2袋。スーパーでは安い米に、直売所では仁多米のようなブランド米に負けてしまう」と、1年で挫折。

そんなとき、「大阪で『近畿大東会』の集会があるから、物産コーナーでエコ米を売ってみないか」と、市

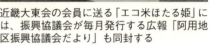

の大東総合センターから誘われた。

近畿大東会とは、20年ほど前にできた大阪や兵庫、京都などに住む「地元出身者」の組織。「こんな会があったんだ」と、はじめて知った永瀬さん、物産コーナーではエコ米が予想以上に売れて「これはいける」と手ごたえを感じた。

地元出身者250人にDM

後日、永瀬さんは大東総合センターに「近畿大東会の会員に阿用地区の広報とエコ米の案内を送りたいので連絡先を教えてもらえないか」と相談。近畿大東会の事務局の了解を得て会員名簿を入手した。その数250件。さっそく盆と年末にDMを送ったら、30人ほどからエコ米の注文が届いた。

「注文の9割は大東から嫁に行った団塊世代の女性たち。みなさん、なつかしいふるさとの米が食べたかったと言ってくれるんです」

中には「離れて暮らしている息子や孫にも食べさせたい」と、20kgを5袋、計100kg注文してくれた老夫婦もいた。

エコ米は米代がふり込まれてから発送する。永瀬さんは今摺りの米を届けたいので、精米と袋詰めは隣町の農産加工センターに委託（精米代は30kg400円、袋代1枚50円）。車で往復1時間かけて、週に2、3回精米に行くのは手間だが、おいしい米ならリピーターが定着する。DMや発送作業はエコ米のメンバーに手伝ってもらう代わりに、エコ米の売り上げから10kg当たり100円を地区振興協議会に還元している。

地元保育園、週5日の米飯給食

2012年からは地元「かもめ保育園」（園児100人）の給食にもエコ米が使われるようになった。

こちらはメンバーの鳥谷悦雄さん（66歳）の取り組みだ。10kg3500円。週5日完全米飯給食のおかげで、毎年1100kgほどの注文がある。

取材した日は、ちょうど年に1度の「サンマパーティーの日」。園庭で炭火焼きしたサンマと新米（エコ米）の給食をみんなで食べる。「ご飯モチモチしておいしい！」ほっぺにご飯つぶをつけながら、園児たちはモリモリご飯を食べる。やがて「おかわりー」と、米びつの前に列ができ、2升を完食した。

一緒に給食を食べた永瀬さんもビックリ。

「やっぱり地元の米がおいしいって言われるのが、一番うれしいね。東京や広島の大東会や地元の福祉施設など、地元つながりで売り先はまだまだある。後継者の育成をしながらエコ米の生産をもっと増やさなきゃなぁ」

地元出身者への産直から地域内（地産地消）だけでなく、地域の外に打って出る「地産外商」の可能性が見えてきた。低米価をはね返す「地元力」がここにはある。

（『季刊地域』２０１５年冬号掲載）

「ご飯だ〜いすき」。茶碗１杯（110g）のご飯をペロリとたいらげる

かもめ保育園のサンマパーティー。地産地消の給食が大人気で、毎年定員以上の入園希望がある。1食237円の予算で給食をつくるのはたいへんだが、農家からの差し入れが多いので助かっている

7

平均年齢75歳の集落営農WCS部会 営業にも出向いて規模拡大

（群馬県玉村町　(農)上陽WCS部会）

見渡す限り、平坦な田んぼが広がっている。ここは群馬県玉村町の上陽地区。稲WCS（以下、WCS）づくりに入れ込んでいる集落営農がある。

上陽地区の広い田んぼで飼料稲を刈る。品種は専用の「クサノホシ」と「夢あおば」

盛り上がるWCS談議

「お前さんのあの田んぼはロール（200kg）が16個もとれたんだって。肥やしはいくつやったんだい？」

「2袋しかやってねぇよ。でもよくとれた」

「そりゃ、とれすぎだって（笑）。ふつう13、14個だもの。あの辺りは地力があるんだよな」

「そういえば、81歳の○○さん、WCSの面積をまた増やすんだってよ。9反にするらしい」

「それが正解よ！　この米価だろう。『ゴロピカリ』（食用米）なんか概算で6000円代よ。希望がなくなるよ」

WCS談議に花を咲かせているのは、地区にできたばかりの集落営農組織 農事組合法人「上陽WCS部会」のメンバーだ。部会長の内山元之さん（70歳）によると、部会に参加しているのは総勢31人で、平均年齢は75歳。そんなメンバーが切磋琢磨しながらWCSづくりに並々ならぬ意欲を燃やしているという。

転作対応で面積拡大

上陽は、2014年1月にできたばかりの集落営農だ。構成員100戸、約100haと規模は大きいが、経営は今のところ、これまでどおりに1ha規模の稲作農家が個々で行なっている。地区で将来を話し合い、今後リタイアする人のことも考えて、事前に受け皿を用意しておこうとつくられた。

WCSづくりは5年前から始まっている。水を張って遊ばせるしかなかった転作田を生かそうと、法人の前身である上陽営農組合のメンバーが数人で始めたことだ。3haでスタートしたものが、年々参加者が増え、5年目を迎えた今では22haにまで広がった。

ロールづくりに必要なコンバインベーラやラッピングマシンなどの機械は、玉村町の農業公社（農協と役場出資の財団法人。以下、公社）が所有しており、公社が稲作農家に飼料イネ栽培を委託するかたちでやっている。栽培は個々の農家（WCS部会員）が行ない、刈り取りやラッピング作業は部会員みんなでやる。そして出来上がったロールは県内の畜産農家へ公社が販売する仕組みになっている。

WCS部会の若手（！）主要メンバー。左から内山元之さん（70歳）、宇津木登さん（64歳）、宮澤治巳さん（70歳）、峰岸栄一さん（61歳）、津久井秀雄さん（71歳）

稲作農家が自ら営業に出向く

面積が毎年4haほどずつ増えてきたわけだが、増えるにしたがって、「ロールの販売は公社任せにできない」という思いがメンバーの中で募っていった。公社の担当者は営業に積極的ではなく、これ以上増やしても売れないのではないか、といった対応だったからだ。そこで3年ほど前から、内山さんをはじめとする役員たちが、畜産農家へ直接出向いて営業を開始した。

「営業といっても最初は買ってくれているお客さんのところに表敬訪問に行ったんです。そうしたら、いろいろなことを聞ける。泥がついてるロールは絶対ダメだとか、乳酸菌が入っているのは牛がよく食べるとか。すごく勉強になるんですよね」

役員だけで聞くより、みんなで聞いたほうがいい。そこで今度はメンバーみんなでバスに乗り、お世話になっている畜産農家へ行く機会を増やしていった。

「おたくのエサはよく食べるんだよね。ふつうのワラの倍くらい食べちゃう。食べ過ぎに注意しなくちゃいけないくらい、って言われたときは本当にうれしかった」

お客さんのところに行くと、メンバーのやる気もがぜん湧いてくる。ときにはクレームもあるのだが、相手の顔がわかると、いいものをつくらないといけないという思いがみんなに浸透していくのだ。

こうして畜産農家へ通ううちに仲間の畜産農家も紹介してもらえるようになり、さらなる営業にも出向くようになった。

高品質をめざす

お客さんのところで最初にあったクレームはロールにつく泥だ。カビの原因になる。「泥つきは牛も食べん」と言われたので、部会ではまずそこを徹底的に注意した。

コンバインベーラで刈り取るときの刈り高さは10㎝に統一。食用米だと3㎝だからかなり高刈りすることになるが、これなら機械が泥を飲み込まずにすむ。ぬかるんだ田んぼでは15㎝、場合によっては20㎝にすることもある。

コンバインベーラから排出されるロールは以前は地面に転がしていたのだが、この点も改善。トラクタのバケットで受け止めて、そのまま軽トラに積むようにした。一度地面に置くと泥がついてしまうからだ。

つくったロールの保管方法もこだわっている。以前は二段重ねにしていたのだが、ロールを搬出する際はどうしてもロールとロールがぶつかってラップが擦れて破れやすくなる。中に空気が入ると腐敗しやすくなってしまう。そこで1個ずつ平らに並べることにした。下にはシートを敷き、地面からの湿気を防ぎつつ、コオロギなどの虫にも侵入されないようにした。

発酵状態をよくするために乳酸菌を入れたり、ラップが破れないように巻き回数を18回から20回に増やしたり、畜産農家から聞いてできそうなことはすぐに実

コンバインベーラから排出されるロールは地面に落とさずにバケットで受け止める

バケットで受け止めたロールは軽トラに載せ、ラッピングする場所に持って行く

践していった。

メンバーどうしのやり取りも特徴的だ。刈り取り作業はみんなで行なうが、たとえば草が生えていたら「ここはランク下げな!」「牛のエサじゃなくて小鳥のエサだな」などと容赦ない檄が飛ぶ。それをみんな楽しみながら、よりいいものをつくろうと張り切っているのだ。

22ha分が予約完売!

こうしたさまざまな努力が実を結んだのだろう。2014年は22ha分のWCSが播種前にすべて予約完売した。

「お客さんを歩いて営業した成果が出てきたんでしょうね。玉村のWCSはおもに県内の24軒の畜産農家が買っているんですが、お世話になっているお客さんに電話したら、まだ使いたい量の半分しかもらってないっていう話でした。需要はまだまだありますよ」

内山さんは2015年はさらに面積が増えると予測している。

「食用米は農協に出したら終わりですけど、WCSはお客さんが見えるから緊張するし、充実感もある。これからは食用米もWCSみたいに顔の見える販売にしていきたいと思っているくらいです」

競い合いながらワイワイやる

　WCSづくりは経営的にはどうなのか。現状では、ロール販売は公社を経由するかたちになっているので少し複雑だ。稲作農家の視点で見た場合をおおまかに説明すると、ロールを10a平均の14個とった場合、販売金額は2万5200円になる（9円/kg）。一方、ラップ代や機械代、ロールの運賃といった諸経費が2万5000円かかるので、これらを差し引くと手元にはほとんど残らない。ただし、飼料イネの助成金10a8万円と、耕畜連携の助成金の半額分6500円（残りは堆肥代と散布代）、それに公社から委託された刈り取り作業料10a6600円のうち作業に参加した人数割り分が入るので、合計すると約9万円が手元に残ることになる。

　この地区の2014年産の食用米（ゴロピカリ）の収入を概算金ベースで計算して比較してみると、WCSは2倍近いお金が手元に残ることになる。助成金あってのことだが、所得確保という意味でもWCSはありがたい。

　ロールの販売代金は、200kgのロール1個で1800円。いくら2014年産の概算金が下がったとはいえ、食用米と比べたら単価はうんと安い。それなのに、メンバーが増収に意欲を燃やしているのはなぜだろう。

　内山さんによると、理由はこうだ。

「所得確保も大事です。でも農家は自分の田んぼでたくさんとれるということが純粋に嬉しいんですよ。それからね、うちの場合は刈り取り作業をみんなでやりますよね。みんなでワイワイやるのが楽しい。今までは1人でやってきた。けっこう寂しいものなんですよ。競い合いながらワイワイやるっていうのがうちのやり方。ここは自慢できるところですね」

（『現代農業』2015年1月号掲載）

8

ＷＣＳ30 haまで拡大！　地域に定着させるには、畜産農家がほしがるものをつくる

（山形県酒田市　㈱和農日向《わのうにっこう》）

秋刈りを終えたWCSの圃場。運搬待ちのロールが整列

北に日本百名山の鳥海山、西に日本海を望む山形県酒田市旧八幡町日向三ケ字地区。のどかな田園風景が広がるこの土地で、全国でも先駆的な「顔が見えるイネＷＣＳ（以下、ＷＣＳ）販売」が稲作農家と畜産農家の間で行なわれている。

中心になっているのは集落営農組織・株式会社「和農日向」。９年前に仕組みづくりを始めてから面積は徐々に増え、今では他の稲作農家につくってもらう20 haを合わせた30 haでＷＣＳをつくる。

ＩＤシールで流通経路が一目でわかる

さわやかな秋晴れに恵まれた11月初旬の某日。和農日向の田んぼでは、今まさに、秋刈り（10月中旬以後に収穫）のＷＣＳをトラックに積む作業が行なわれていた。和農日向の代表取締役・阿曽千一さん（62歳）に

ロールの脇の旗。裏面にはIDシールと同じように生産者の名前や圃場の住所が書かれている。黒いビニール袋はカラスよけ

㈱和農日向代表取締役である阿曽千一さん

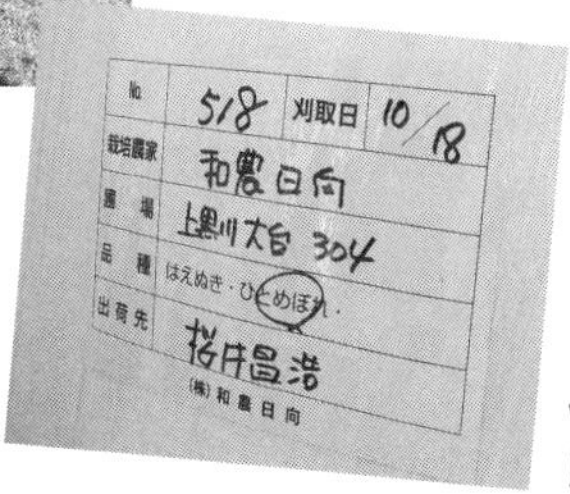

WCSのロールに貼られたIDシール

案内された田んぼの端には、運搬待ちのＷＣＳがドシッと整列している。ロールの脇には旗が立てられ、ロール一つひとつには、あれこれペンで書き込まれたシールが貼り付けられていた。

「この旗はＷＣＳ専用圃場の目印兼カラスよけ。こっちはＩＤシールつって、ＷＣＳの流通経路が一発でわかる重要なものなんです」

シールには、ＷＣＳの通し番号、刈り取り日、生産者の名前、田んぼの住所、品種名（はえぬき、ひとめぼれのどちらか）、ＷＣＳを買う畜産農家の名前が書かれている。これを見れば、いつ誰がどこでつくったＷＣＳか一目でわかり、畜産農家に安心して使ってもらえるという。和農日向にとってはロールの管理に役立つし、届け先を間違えない目印になる。商品に問題があったときは、どの段階に原因があったかを突き止める手がかりにもなる。

「人じゃなくて牛が食べるもんだけど、畜産農家の要望に応えて一つひとつのロールをつくってる。使う人に喜んでもらうためには、きちんと管理しなきゃダメだと思うんだよね」

毎年、全部で約２０００個できるＷＣＳ（１個３００kg）は、おもに地域内の畜産農家12軒に届けられる。

細断型ロールベーラを導入

そもそも和農日向は、地域で結んだ中山間地域等直接支払制度の集落協定を、農家の有志が発展させてできた集落営農組織だ。農業以外の事業展開や、組織の機動性をよくするために、農事組合法人にはせずに株式会社の形態にした。

2007年に設立し、現在の経営面積は40ha。24haの食用米をはじめ、WCS10ha、ソバ4ha、牧草のイタリアンライグラス50a、マコモダケ50aなどを栽培している。阿曽さんのほかに取締役がもう1人、従業員1人、臨時雇用2人でおもな運営をする。

栽培品目の中でも、田んぼでつくれるWCSは、「栽培に使う機械を新しく買う必要がない」「食用米の刈り取り時期と作業がかぶらない」「耕畜連携が期待できる」とあって当初から力を入れてきた。徐々に面積は増え、2013年には、約1100万円もするWCS収穫調製用の細断型ロールベーラを新しく導入したほどだ。

ただ、最初から順調に面積を増やせたわけではない。稲作農家と畜産農家がかかわり合う中で、課題を乗り越える糸口が少しずつ見えてきたのだ。

畜産農家に聞き込み、発酵上手に

「当初のWCSは、封を開けたとたん嫌なニオイがして、牛にやっても全然食わなかった」

WCSづくりが始まった年から、毎年ロールを購入している酪農家の伊藤泰一郎さんは、当時をふり返る。

1年目、和農日向は「青刈りするとビタミンが豊富」という県の指導どおり、イネの乳熟期に刈り取って大失敗。できたロールは「あんこもちをつぶしたような形で、中身は一見おいしそうに見えるけど、触るとべちゃべちゃ。酪酸発酵が進んだひどいものだった」という。

「水分が多かったんだな。その後、水分が70％を切るぐらいがいいと知って、糊熟期（出穂2週間後くらい）に刈り取るようにしてもらったんだ」と伊藤さん。

すると、WCSの発酵はいい具合に進み、ワラの硬さ、できあがりの状態もよくなった。少しの水分状態の違いで品質が大きく変わることもわかり、阿曽さんたちは、晴れた日の日中に刈り取り調製作業をすることにした。雨、朝露、夕露で穂が濡れているときは作業しないことも決めた。

また、ネットやラップの巻き方が悪いと、牛の下痢

酪農家の伊藤泰一郎さん（総頭数30頭）。「ワラが細かいからフォークを使わず手で簡単にすくえるよ」

の原因になる青カビや白カビが生える。それを防ぐために、乳酸菌も添加した。乳酸菌資材「畜草1号（雪印乳業）」を使い始めてから、「味が染みてうまい」と言わんばかりに、牛がおいしそうに食べる。伊藤さんはじめ畜産農家からの評判はさらによくなった。

機械を細断型ロールベーラに変えてからは、ロールの巻き具合も研究した。ネットがちぎれるぐらい強い力で稲を縛ってからラップすると、あんこもちとは対照的なガッチリしたWCSができあがった。

「場所がないとWCSを縦に積むしかないでしょ。すると下のロールが圧縮されて、上のロールをどけたときに膨らんで空気が入るから腐れの原因になる。それが、こんだけきつく縛ると、二段重ねにしても下のロールがつぶれないんだ。たとえ、ロールに穴があいても悪い菌が殖えにくいから全部捨てずにすむ」と、伊藤さんは嬉しそう。

その隣で阿曽さんが「牛の気持ちになって作業するんです」と笑う。

予約申込書で「夏刈り」か「秋刈り」か選択

こうしたやり取りは、冬場に行なうWCS事前注文の営業の際に逐一行なってきた。和農日向の面々が、酪農家、繁殖農家、肥育農家を1軒1軒訪ねて歩きながら、昨年のWCSの出来や、牛に食わせた感想、課題を聞き込むのだ。話を聞いて関係を深めたり、畜産試験場の研修会などに参加するうちに、畜産農家が食わせたいエサの傾向が畜種ごとに違うこともわかってきた。

「酪農家は牛にたくさんお乳を出させたいからβ－カロテン（ビタミンA）が豊富なWCSを、反対に肥育農家はサシ（脂）をたくさん入れるためにβ－カロテンが低いWCSをほしがるんですね。繁殖農家は、母牛の妊娠具合で栄養を調整したいからか両方買ってくれます」

和農日向では、9月中旬から1カ月間は食用米の収穫をする。WCSの刈り取りはその前後に分けて行なっている（8月下旬からを「夏刈り」、10月中旬からを「秋刈り」と呼んでいる）。一方、稲に含まれるビタミンAは、早く刈るほど多く、遅く刈るほど少なくなる。そこで、おもに夏刈り分を酪農家が、秋刈り分を肥育農家が、繁殖農家はその両方を買ってくれることになる。

畜産農家の要望に、より確かに細かく応えられるように、阿曽さんたちは「水稲WCS予約申込書」をつくった。申込書には、住所、名前など農家の基本情報から、畜種、頭数、夏刈り・秋刈りどちらのWCSを1年間で何個ほしいか、乳酸菌添加剤の有無、置き場の略図まで書いてもらうようにした。

「これで畜種ごとの傾向、個人の趣味がより把握しやすくなった。注文に疑問がわけば、それを今度は聞いてまわるんだ。それでお互いの理解が深まった」

ちなみに、畜産農家の内訳は、酪農家4軒、繁殖農家5軒、肥育農家1軒、繁殖と肥育の一貫農家が2軒。総頭数150頭の大きな牧場から、繁殖牛4頭を飼う小さな農家など、規模はさまざまだ。

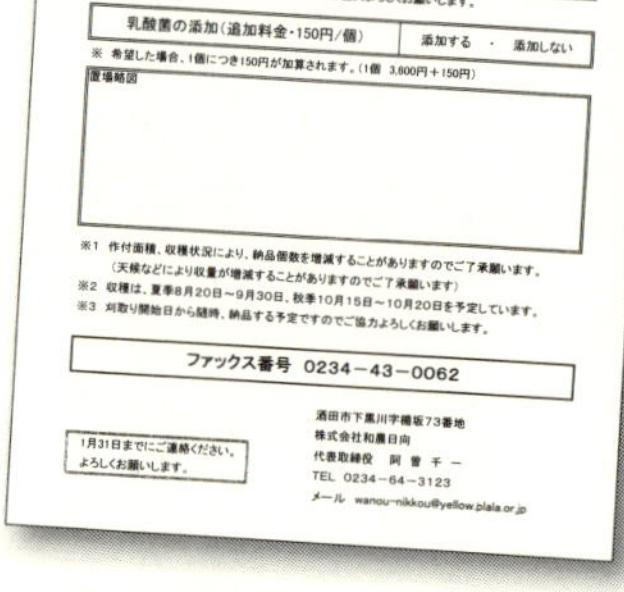

平成25年度　水稲WCS予約申込書

お名前	㊞				
住所					
電話番号	（　　）				
携帯番号	（　　）				
予約数量（3,600円/個）300kg/個	乳牛		肥育		繁殖
	頭		頭		頭
	夏季	個	秋季	個	

※　頭数等については、申請に必要ですので、ご記入よろしくお願いします。

乳酸菌の添加（追加料金・150円/個）	添加する　・　添加しない

※　希望した場合、1個につき150円が加算されます。（1個　3,600円＋150円）

置場略図

※1　作付面積、収穫状況により、納品個数を増減することがありますのでご了承願います。（天候などにより収量が増減することがありますのでご了承願います）
※2　収穫は、夏季8月20日～9月30日、秋季10月15日～10月20日を予定しています。
※3　刈取り開始日から随時、納品する予定ですのでご協力よろしくお願いします。

ファックス番号　0234－43－0062

1月31日までにご連絡ください。よろしくお願いします。

酒田市下黒川字橋坂73番地
株式会社和農日向
代表取締役　阿曽千一
TEL　0234－64－3123
メール　wanou-nikkou@yellow.plala.or.jp

畜産農家に配る予約申込書

合同研修で顔合わせ、自覚をもってもらう

申込書の締切は毎年1月末日。無事、夏刈りと秋刈りの予約数量が確定すると、和農日向がWCSの個数から栽培面積を計算し、立地条件も考えたうえで栽培農家とその圃場を選定する。だいたい10a当たりから300kgのロールが8、9個（山間地で6、7個）できる。この時点で、誰がどこの田んぼで誰のWCSをつくるかを決めてしまうのだ。

現在、畜産農家からの注文は夏刈り1000個と秋刈り1000個で半分ずつ。田んぼを長く使う秋刈り

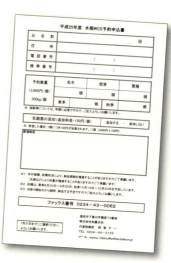

用は、和農日向が大半を引き受け、足りない分と夏刈り分を地域の稲作農家29軒に依頼する。

すべての段取りが整った2月。和農日向、畜産農家、稲作農家の全員が集まり合同で研修を行なう。会議では、ロールの値段を決めたり、注意事項についてあらためて確認する。

「いわゆる顔合わせだね。稲作農家にはこの人のWCSをつくるんだって自覚してもらう。お客さん(畜産農家)に出会えば、へたなもんつくれないでしょ。逆に畜産農家には、注文したら途中解約できないってことをわかってもらうんです」

伊藤さんのWCS保管場所。長期保存するためロールは2段以上積まない。ロールごとの間隔をできるだけ広くとってネズミ対策。偽物のカラスを吊るしてカラス対策もばっちり

WCSは大切な商品

WCSづくりが本格的に始まると、稲作農家へのフォローに奔走する。食用米と同じくらい大切に管理して、元肥は省かないで、除草剤散布は田植えと同時にやるか、田植え後の一発だけにして……などなど。最近はとくにオリゼメートを苗箱施用しイモチ病対策をすること、山際のアゼにスミチオンを散布してイネアオムシ対策をすることなどを徹底し、食用米をつくる人に迷惑をかけないように気を配っている。また、冒頭で紹介したWCS専用圃場の旗を田んぼに立てておけば、ここはヘリ防除をしないという目印にもなるのだ。

それもこれも「WCS＝大切な商品」という認識が和農日向の頭につねにあるからだ。品質のばらつきをなくすために、和農日向自身も収穫調製作業の機械を動かす人を固定したり、ラップを傷つけた場合は即補修することにも気を遣う。

ネズミ、カラス、クマ、ハクチョウ対策として、できあがったロールはすぐさま畜産農家に運ぶ段取りにしてある。

「畜産農家には、カビの原因になるからロールを2段

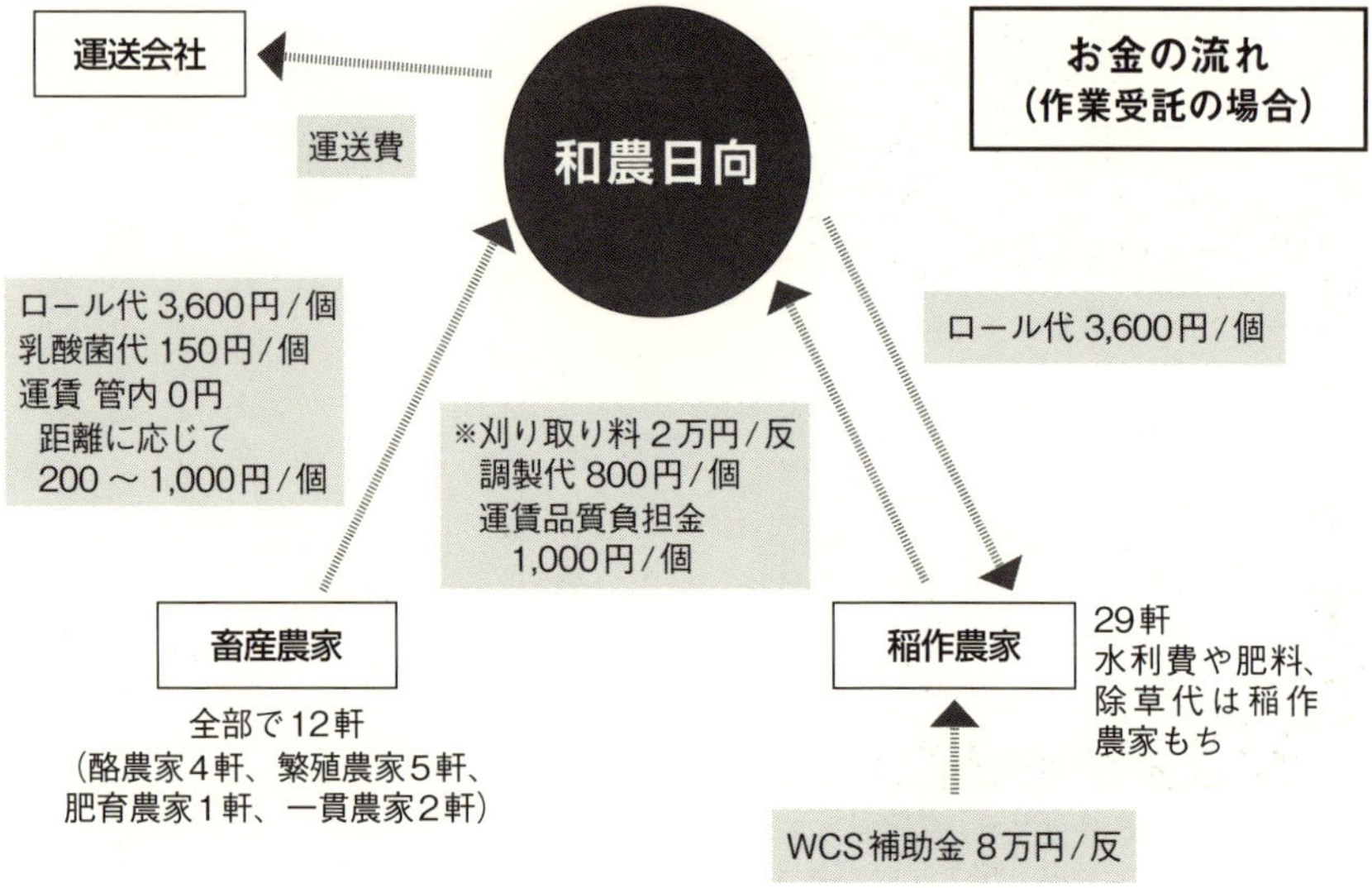

※集落協定内の大台地区は、WCS圃場を集約しているので、作業効率がいい。
そのため、大台地区のみお礼の意味を込めて刈り取り料を1万8,000円/反にしている

以上積まないで、ネズミにやられるからロールとロールの間隔を空けてってお願いするんです」

今や畜産農家にロールの保管法を伝えるまでになった。

地域みんなが潤うように

「食用米よりWCSのほうが断然お金になりますね」と話す阿曽さん。和農日向だけが儲かるのではなく、地域のみんなにお金が分配される仕組みを考えた。

まず、できたWCSは1個3600円で稲作農家から和農日向が買い取る。それに対して、刈り取り料を1反ごと2万円、ロールへの調製費1個当たり800円を稲作農家から支払ってもらう。畜産農家に対しては、稲作農家から買い取った値段と同じ1個3600円で購入してもらい、あわせて、乳酸菌添加を希望した人には1個当たり150円支払ってもらう。

田んぼからの運搬は市内の運送会社に依頼している。その代金は稲作農家と畜産農家で折半。稲作農家には、運賃品質負担金といって1個当たり1000円を、畜産農家には1個当たり距離に応じて200〜1000円を払ってもらい、これを運賃に充てるのだ。

WCSの補助金8万円は稲作農家にまるまる入る仕組

運送会社がロールを積み込む様子。ロールを挟む器具（矢印）は使い勝手がよく重宝する

みだ。

「ほかの地域では、行政やＪＡがやることを和農日向が全部やってる。畜産農家からの注文取り、稲作農家がつくるＷＣＳ圃場の割り振り、新規需要米取り組み計画書づくりに、ＷＣＳづくりの指導などなど。手間と時間はかかるけど、これを全部やるからみんなのニーズがつかめた。ようやく、つくる人と使う人が定着し始めて、ＷＣＳの品質も安定してきた」

ＷＣＳで築いた仕組みをもとに、低米価でも地域の農地を守りぬくという意気込みを、阿曽さんから感じた。

（『現代農業』２０１５年１月号掲載）

PART4

地域の課題を解決、仕事をつくりお金を回す地域運営組織へ

傾斜のきついミカン園でさっそうと草刈りをする俵津農地ヘルパー組合㈱のメンバー

1

国の政策にふり回されない地域主導の「ビジョンづくり」を

（農山村地域経済研究所　楠本雅弘）

地域を衰退に導いたこれまでのやり方

これまで、道路や施設建設などのハード事業や、先進地視察、イベント、計画づくりのための協議会活動などのソフト事業など、さまざまな地域振興・活性化策が実施されてきた。それらの経費を合計すれば、数千億円どころか数兆円を超えるであろう。

山村振興、過疎地域対策、半島・離島振興……。数え切れないほどの事業や対策が半世紀以上にわたって継続されているのに、地方は元気になるどころか、衰退の一途をたどり、限界集落や消滅自治体のレッテルや看板だけがやたらと目につく。これまでのやり方をくり返していても、地方は自立できず、衰退するばかりである。

これまで漫然と続けてきた地域振興・活性化策には根本的な欠陥があるからである。

どこに欠陥があるのか、どこが間違っているのかが明らかになれば、正しい、有効な新しい進め方もわかる。まずはこれまでの地域振興のやり方を解剖して、その欠陥を明らかにしてみよう。

具体的な欠陥点

①主役（主体）が中央政府の役人になっている。

さまざまな地域振興策を企画・立案するのは、あくまでも中央省庁の役人である。子どもの頃からきびしい受験競争を勝ち抜き、偏差値の高い大学を卒業してキャリア官僚に採用され、アメリカの大学院へ派遣されて修士号をもらい（つまり、市場原理主義の洗脳を受ける）、1、2年で担当を異動しながら出世していく。

大変有能な役人たちが、机上で次々にひねり出すのが政策である。それを裏付けになる予算と結びつけて推進するのが「事業」である。

②政策の推進手段は補助金と低利融資（条件によっては無利子）。

やはり「お金」の魅力である。住民たちがお金の魔力にひかれて、事業を選び、政策に乗ることがあるのも事実である。

③政策・事業を地域の現場に「下ろし」、推進・普及・勧誘にあたるのは、道府県の出先機関の職員たちである。

誤解のないように付言しておくと、道府県職員の仕事がすべて国の「下請け」というわけではない。一部、道府県が独自に立案し、自前の予算で推進する「県単事業」もある。

④地域の現場で、地域振興の事業を実施するのは、主として市町村である。

ある事業を実施するためには、国の出先機関や国から委託を受けている県の許可・承認（「採択」手続き）を得なければならない。そのための手順と必要な条件を整える作業が市町村職員の仕事である。

会議や説明会を開いて関係住民の同意を取り付け、条件に定められた「計画やプラン」を作成する。すなわち、その事業を実施すれば国の政策の目的に沿った事業効果をあげることが確実であることを説明する資料である（投入した費用の何倍の効果が得られるか、政策が定める目標数値を満たす計画でなければならない）。

したがって、この事業実施計画は、既存のセンサス統計や過去のデータから、定められた様式に担当者が書き込んで作成する（この作業を「鉛筆を舐める」と表現する）。なお、国の要件で住民アンケートが求められていれば、定められた様式でアンケート調査を実施する場合もある。

国の政策にふり回されないために

以上の説明を読んだら、誰しも「本末転倒だ」と思うであろう。すなわち、地域づくりの主体は住民であり、住民たちがどのような地域にしたいかを考えてつくるのが地域づくりの設計図としての「地域ビジョン」であるはずなのに、このやり方では、国がつくった地域振興策に従って、国が求める事業計画を市町村の職員がつくっている。地域で暮らす住民たちが主体（主役）ではない。事業導入のために、リアリティ（実体、現実感）のない「計画のための計画」を他人まかせでつくってもらっているにすぎない。このような、国の政策にふり回されるようなあり方を変えねばならない。

地域のことは住民みずからが考え、主役になって解決するやり方に変えなければ、地域は自立できない。地域が主体的に自立する拠りどころ、立脚基盤となるのが、地域住民の夢や希望を結集した「地域（集落）ビジョン」である。

地域住民が主役となる「集落ビジョン運動」

いま、全国各地で地域住民が主役となって、従来のやり方ではない新しい手法で、地域づくりの新しい運動が立ち上がっている。その特色を一言で表現すれば、地域住民が主体的に「集落ビジョン」を作成する作業が起点になっていることである。

なお、「ビジョン」の活動範囲は、集落を単位に作成することが多いが、地域の実情に応じて、複数の集落が連携したり、学校区や公民館活動の範囲で作成される場合もある。その意味では「地域（集落）ビジョン」という表現のほうがよりふさわしいかもしれない。もちろん「ビジョン」とカタカナ表現しないで「地域づくり計画」でも「振興計画」でも、住民が考え、選べばよいのである。

シンプルなワークショップ方式がいい

自治会や町内会などでの合意にもとづいて「ビジョン」作成に取り組むことを「公認」し、検討委員を選任するところからスタートする。そして市町村の担当部署に相談し、作成作業への支援を要請する。多くの県では、県の出先や農協も加わって支援チームを形成して「ビジョン」作成まで継続したり、活動経費の一部を補助する仕組みが用意されている。

どのような活動を行なうかについての詳しい説明は割愛するが、さしあたり、農文協発行の次の2冊を参考にしていただきたい。一つは『進化する集落営農』（楠本雅弘著、102〜132ページ）。もう一つは『集落・地域ビジョンづくり』（農文協編）である。

後者の26ページに収録してある島根県農業技術センターの今井裕作氏による「集落ビジョンはこうしてつくる」は、島根県において筆者も参画して推進している「シンプルなワークショップ」による作成手法を紹介・解説している。

筆者の経験を踏まえて若干補足すれば、座談会やアンケートも有効であり、ぜひやったほうがよい。しかし、それぞれ短所や限界もあるので、そのことも念頭においたうえで活用したい。たとえば、座談会では、ごく一部の特定の人だけが発言し、多くの人は意見を表明しない。アンケートは、あらかじめ事務局が用意した質問に対して設定された選択肢の中から回答を選ぶので、必ずしも住民の本音を詳しく深掘りして把握できないという限界がある。

その点、ワークショップ方式は、参加者全員、書いた意見が全部、本人が見ている目の前で残らずビジョンに反映されるので、住民の参加意識が高められ、また自分も加わって作成したビジョンの実践活動への責任感の持続にも有効である。その意味でも、誰でも参加でき、全員が主役になれる「シンプルなワークショップ方式」を推奨したい（やり方のおおまかな手順は次ページの図を参照）。

島根県集落ビジョン実践塾でのワークショップ。右に笑顔で立っているのが筆者

ビジョンは必要に応じて修正していく

「ビジョン」作成は、それ自体が目的ではない。地域住民が主体的に作成した「理想郷づくりの設計図」であり、住民一人ひとりの夢や希望を結集したものであるから、必要に応じて改訂・修正しながら、10年、20年、30年かけて実現しなければならない。息の長い実践活動を通じて理想郷が実現するのだ。

その実践活動を推進し、進行管理していく司令塔としての「村づくり委員会」（＝手づくり役場）と実働組織としての「集落営農法人」の2階建て方式の仕組みづくりが不可欠になる。

また、「ビジョン」実現のために、したたかに賢く行動してほしい。人材・情報・資金が、もし不足するなら、黒沢明監督の名画『七人の侍』のように、外部から上手に利用すればよい。政策・事業も賢く活用し、だまされず、呑まれないようにすればよいのだ。その拠りどころ、判断規準になるのが「地域（集落）ビジョン」なのである。（『現代農業』２０１５年７月号掲載）

「シンプルなワークショップ方式」のおおまかな手順

1．進め方の説明

① 支援者が今日のテーマと進め方を説明
② 誰からも意見が出るようにルールを決める

【ルール例】
★人の発言を否定しない
★全員１度は発言する
★この場限りの発言でいい
（ホラ大歓迎）

2．チーム分け

例）熟練チーム、若いもんチーム、女性チーム
・１チーム５〜８人ぐらいに
・支援機関の者が１人ずつ各チームに入る

3．チームごとのアイデア出し

・３種類の付箋（赤・黄・青）に各自でアイデアを書く（１枚に一つのアイデア）
・支援者が付箋を模造紙に貼り付け、グループ化

①課題
集落で困っていることを赤色の付箋に書く

②強み
集落のいいところ・自慢できることを黄色の付箋に書く

③夢・課題解決策
将来、○○できたらいいと思うことを青色の付箋に書く

4．チームごとに発表

「シンプルなワークショップ方式」の手順

最初に参加者全員が喋れる雰囲気をつくるために話し合いのルールを決め、多くの意見が出るようにチーム分けをする。そして集落の課題、強み、夢などについて意見やアイデアを出し合い、付箋に書く。それをテーマごとに整理してチームごとに発表し、すぐに取り組むべきものか、何年かかけて取り組むべきものかなどの優先順位を決め、最終的に集落ビジョンとしてまとめる。

島根県の「集落ビジョン実践塾」では３カ月程度を目安に各集落がビジョンを作成している。詳しくは『集落・地域ビジョンづくり』（農文協編）を参照。

2

高知県第1号の法人化
――村の将来ビジョンが次々に実現、これからは福祉も発電も

（高知県四万十町　㈱サンビレッジ四万十　浜田好清）

㈱サンビレッジ四万十のホームページ。
写真の左から2番目が筆者（法人代表）

この田んぼを荒らしてなるものか！

今から20年ほど前、私たちの暮らす影野地区では、過疎・高齢化にともなう担い手不足により、今後の農業に危機感をもち始めていた。１９９７年頃から水田を整備しようという機運が高まり「影野の農業を考える会」を立ち上げて、勉強会を重ねた。それと同時進行で県営担い手育成基盤整備事業の導入とともに念願の圃場が完成した。一輪車でしか行くことのできなかった田んぼ、三角形やひょうたん形の田んぼが、使い勝手のよい一筆約40ａの美田に生まれ変わった。工事が完成したときは目を見張ったものだ。

「この田んぼを荒らしてなるものか」

影野下集落においては、この農地を守る方策として24戸（12ha）で、２００１年に1集落1農場方式の集

影野地区の風景。四万十川上流の山々に囲まれた盆地に田んぼが広がっている

落営農「ビレッジ影野営農組合」を立ち上げた。

しかしながら順風満帆にことが運んだわけではない。高知県の人となりを表す言葉に「はちきん」「いごっそう」というものがある。活発で物怖じしない女性、言い出したら後へ引き下がらない頑固で堅物の男性であるが、双方ともに保守的な部分もある。今までは、各人一人ひとりで何とか農業をやってきたが、「財布が一つの組織に田んぼを預けてはたして大丈夫ろうか」「つぶれたら自分たちも負債を受けんろうか」と、心中不安だったようだ。だから満場一致、ロケットスタートという具合にはいかなかった。しかし当時の役員4人の農地を合わせると約半分の面積を占めていたこともあり、「ここでやらなくちゃ」という強い意志のもと将来の夢を語り合い、参加者の理解も得て、とにかく一歩を踏み出すことができた。

将来の夢を語り合い、絵にしてみた

営農組合を設立した当時、私を含めた50歳前後の役員4人は、小さいときからのなかよしで、ふだんはそれぞれの仕事で忙しい日々を過ごしていた。だが、この基盤整備事業できれいになった集落の田んぼを、みんなで守るための仕組みづくりには、誰からともなく「なんとかやろうよ」との声、そして思いが話された。

何度か会合を重ねるうちに、「こんなところにしたいね」「自分たちも楽しくやりたいね」などなど、地域への想いが膨らんでいった。みんなが集まる事務所は集落の中心に置こう。そこには機械や乾燥倉庫、加工場・直売所・田舎レストランを、仁井田川沿いには散歩できる梅並木と街路灯、途中には休憩所も設置したい。ビオトープや炭焼き場、観光果樹園もつくりたい。おいしく食べる農作物は有機栽培にしよう。では堆肥場がいるぞ……、ビジョンはだんだんと大きくなっていったことを記憶している。そしてその夢を「こんな郷が楽しいね！」という絵にして（左ページ参照）、みんなで共有できるように集落全戸に配布した。

肝心の農作業については、圃場整備後の広い農地をうまく活用するために、みんなで出資したお金と補助金でなんとか機械化することができた。70代以上の夫婦世帯が半数を占めていたが、仕事の役割分担も考えながら、みんなで一緒にできる農業経営の仕組みができあがった。

かつて、農村には田植えや稲刈りに人手を出し合う「結い」があったが、これは農業だけでなく生活のすべてに力を発揮していた。孤立しては生活できなかったからだ。機械化が進み、土日作業で米づくりが事足りるようになって「結い」は消滅したが、集落営農によって再び復活したことになる。

組合設立当初に夢を語り合って描いた集落ビジョン。集落地図のなかに炭焼き場やビオトープ、梅並木などがある

気づくと、ビジョンが徐々に実現

私たちのビジョンが形としてできてきたなと実感し始めたのは、将来のことを考えて、２０１０年に法人化したことが大きかったと思う。組織の高齢化は後継者の育成を急がなくてはならないと、Uターンの若者3人を雇用し、同時に農業体系も水稲だけでなく、転作田でのショウガやサトイモ、ハウスピーマンを取り入れ、年中作業があるようにした。出不精になっていた組合員にも声をかけ、ピーマンの袋詰めやショウガ・サトイモの収穫など、日々賃仕事をしてもらっている。冬場になると、「もう仕事はないか」「いつからできるが?」と嬉しい催促もある。

こうした忙しい時間が過ぎていくとともに、当初描いたビジョン絵のことは忘れている時期もあったが、最近まわりから「ここに来るたびに何か変化してるね」と言われる。気づくと、ビオトープや炭焼き場、ブルーベリーを主体とした観光果樹園や梅並木、堆肥場や施設園芸、共同の機械倉庫などがつぎつぎにできている。

当時、「これらができたら夢みたいやな」と思い描いたことの多くが実現しているのだ。たとえば、昔ながらの炭窯では、子どもたちの炭焼き体験をして、できた炭はメンバーが楽しむバーベキューなどに使われている。7年前にオープンした観光ブルーベリー園（27a、400本）には、毎年家族連れなどのお客さんがもぎ取り体験に来てくれる。お客さんは少しずつ増えていて、昨年は県内外から450人ほどが来てくれた。

当初描いた夢は、農家や農業だけのビジョンではなく、地域の歌「ふるさとの影野」の一節にあるように、「ここに住んでよかった」と思える集落全体のビジョンでもあったようで少し嬉しくなる。そして何より、法人化の設立とともに3人の若手が育ち、地域の確かな担い手・守り手となってくれたことは、新たな構想が生まれる要素にもなった。

Uターンで集落に戻ってきた若手2人。頼もしい後継者として作業をバリバリこなしてくれている

新たなビジョンに向けて

今後、ますます高齢化が進む中で、中山間地の農業にどのように取り組んでいくか課題は多い。しかし、こうした状況の中でこそ、「強固な経営基盤を築き集落の活性化を図らなければ地域の発展はない」との理念から、次のビジョンを作成し、取り組みが始まろうとしている。

今後の展開としては、まず経営母体となる3本柱の農産物（水稲、ショウガ、ピーマン）の拡充を図り、新たな農産物を栽培しながら太陽光発電（ソーラーシェアリング）を行なって、固定的な収入を確保する考えが一つ目（2016年4月に実現。91ページ参照）、二つ目は、生産・販売の強化策として、露地野菜をセットにして売り込むこと。思いを込めて生産したさまざまな野菜を一部加工も含めて業務用に安定的に販売する仕組みをつくる。そして三つ目は、高知県が支援している集落活動センターを設置して、地域ぐるみで福祉活動なども含めた生活面で助け合える仕組みをつくること。

どれも今しなければならない私たちの中山間地域の生き残り戦略だと考えている。今後、「時代は農業に向かっていく」。5年後ではもう間に合わない。私も64歳を過ぎ、これからは地域を支え担っていく人材の育成に主眼を置き、経営的視点の強化や地域住民とのコミュニケーション、地域全体の農業活性化策に力を注ぎたいと考えている。

「夢を描き続ける人には計画が生まれ、手順が見えてくる」と言われるが、新たなビジョンをみんなで少しでも実現しつつ、後を継ぐ者たちが持続可能な生活ができる地域環境をつくっていきたいと願っている。

地域にいい風が吹くように思いを描く

だんだんと堅苦しい話になってきたが、ここで初期の頃のことをもう一度思い出してみたい。あの頃、私たちは単純に「農地が荒れる」「担い手がいない」「何とかしなければ」との思いから、ことおこしが始まった。今思うと、このときに描いた将来構想がなくては、組合員にも地域や農業関係機関にも自分たちの考えの方向性がわからなかったのではないかと思う。また、当初組合員に参加を呼びかけたとき、「ずっと農地は守って行くき」と約束した。これを組合の理念として守ってきたことが、組合員の信頼を受けているように思う。

今後、10年20年後には多くの組合員がリタイアしているだろうが、魅力ある田園風景と後継者の育つ環境を思い描き続け、機会あるごとに話し、みんなで共有することで、地域にはいい風が吹いてくると思っている。

なかよく楽しく作業ができ、朝夕笑顔で挨拶を交わし、先祖からの農地のおかげで組織が運営できる。そんな小さな組織だからこその、気心がわかっている田舎のよさを生かしたビジョンづくりは、ともに地域を守っていく道を切り拓くカギになると考える。

（『現代農業』２０１５年7月号掲載）

田植え後の宇山地区の風景。棚田が連なっている

3

「地域のみんなが動けば地域は変わる」を実感 ――集落点検から集落ビジョン、住民自治組織づくりへ

（広島県東広島市宇山地区　元広島県生活改良普及員　古土井妙子）

地域の現状をみんなで共有できると本気になる

宇山地区は、広島県中央部に位置し、標高500m級の山に囲まれた山間地です。「地域営農の仕組みづくり」のモデル地区として、1996年に活動が始まりました。その当時は、高齢化により人口が減り、将来について漠然と不安を抱えているような状況でした。人口の推移を見ると、1970年の600人以上が、活動を始めた1996年には300人を切って半減（農家戸数は約130戸）、65歳以上の高齢者が3分の1を占めていました。農地の荒廃も進んでおり、まずはこれらの状況を地元のみなさんに伝えることから始まりました。

宇山小学校区を活動範囲とし、地域の団体（公民館、営農組合、生産集団、農業委員、区長、農区長、壮年部、消防団、女性部、JA女性部、老人会、青年会、子ども会など）の代表者が集まって、地域の現状を数字や地図で示したものを見ました（農林業センサスの統計数字で簡単にデータ化したり図表化できます）。

　その後、「地域は全戸全員でつくるもの！」をスローガンに、住民みんなの合意もめざし、地域内4会場での懇談会を開きました。地域の状況を伝え、危機感をもってもらい、今何とかしなければ、と思っていただくためです。全戸へのアンケートも実施し、「このままだと10年後はどうなる？　予想される問題はどんなこと？」と課題をリストアップして、解決のための方法について意見を出し合いました。

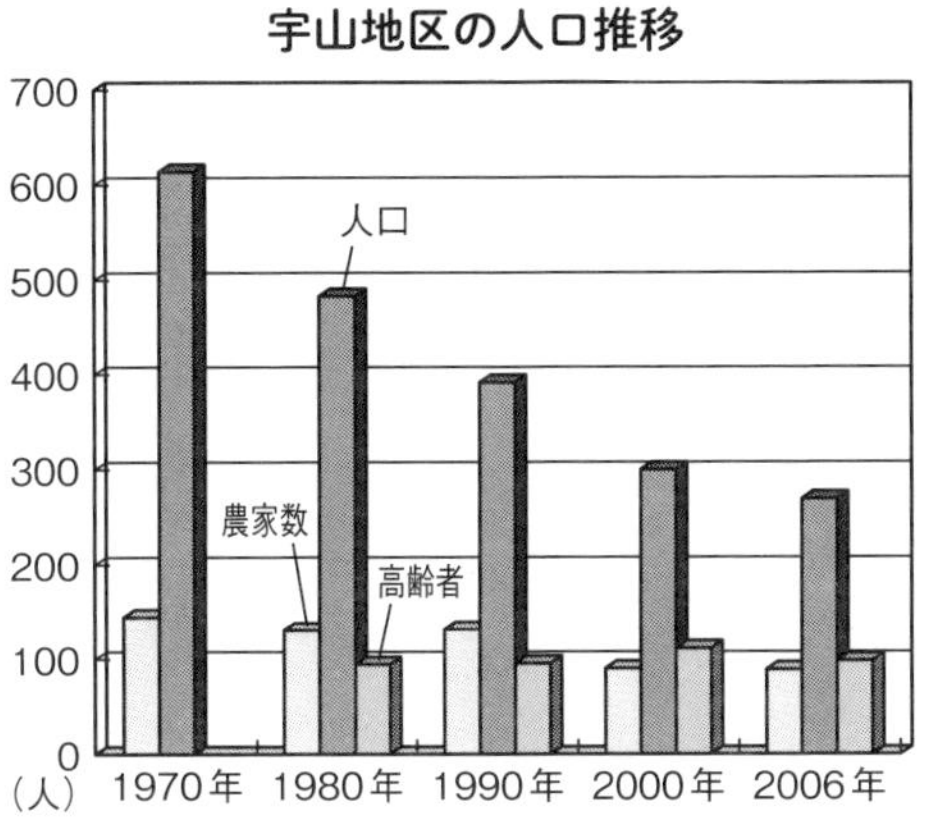

　具体的な状況や課題がわかると、みなさん本気になるようです。すぐに実行組織「宇山村づくり協議会」が設立されました。協議会だより1号には、「何としても活力のある地域にしなければとの思いを込めて、村づくりを推進したいと思います。宇山で生を受けた人、嫁いできた人も、この地に住んでよかった、また住んでみたいと思う人のためにも、区民の力を結集して活性化をしていきたいと考えるのです」との意気込みが掲載されました。

みんなで集落点検、「鉱脈調査」もよかった

　全戸全員が課題を共有し解決するという意識を深めるための活動として有効だったのが集落点検です。全戸にむけた協議会の案内文には、こう書かれていました。

「宇山の実態を今以上によく知っていただき、自分たちの村を自分たちでよりよくしていくために集落点検を行ないます。家族をあげてご参加ください。集落点検というのは、みんなで地域を見てまわって、地域のよさや問題点を見つけることです。平素は見慣れているために気づかないことがたくさんあります。みんなで地域を見て歩いていろいろな課題を見つけましょ

う。危険なところ、造ってみたいもの、残したいものなどを地図に落とし、それを分析し、自分たちで解決できること、行政や他の機関に手伝ってもらうことなどを分類し、一つずつ実行に移して、住みよい村づくりをする第一歩にします」

住民みんなで地域を回ってみると、「ここは接ぎ穂によいユズが10本ある。ユズで産地化したいな」「ここをブドウ園にしたらどうだろう」「ここは名水が出るからホタルの里にしよう」「木材倉庫の前にカーブミラーをつけたい」「この道は暗いから街灯が必要」などなど、たくさんのことが見えてきました。

また、「鉱脈調査」と称して、農地一筆一筆に、今何を栽培しているか、荒れているのはどこかなど、所有者のみんなで色塗りしていきました。これも参画意欲を盛り上げるためにとても有効でした。

地域の方向性を探るうえで若者の声も大事だと、後継者になってくれると思われる地区外に住む宇山地区出身者に、ふるさとをどう思っているかについてのアンケートも実施しました。個々の家では本音を聞くのも不安があるとの思いから、これは協議会として行ないました。

取り組み開始から1年でビジョンができた

このような活動を重ね、将来こうなったらいいというアイデアや意見を出し合い、それを整理して、宇山地区全体の将来ビジョンを作成しました（次ページ）。ビジョンを実現するための体制もつくりました。道路整備や生活環境などを考える「社会環境部会」、小学校跡地をどうするかといった施設整備や村祭りなどを考える「文化生活部会」、農業の活性化や特産品づくり、荒廃農地のことなどを考える「産業振興部会」の3部会を設け、全戸が手挙げ方式でこの部会のいずれかに所属することにしました。そして部会ごとに具体的な活動計画を立て、課題解決に向けて取り組んでいったのです。

こうして地域のみなさんが主体的に取り組んだことにより、問題点の掘り起こしからビジョン実現のための体制づくりまでが、わずか1年で達成されました。

荒廃農地が続々と解消

宇山地区はどのように変わっていったのでしょう。

農業振興としては、各地区に細かくあった営農組合を一本化し、集落営農の仕組みをつくりました。それ

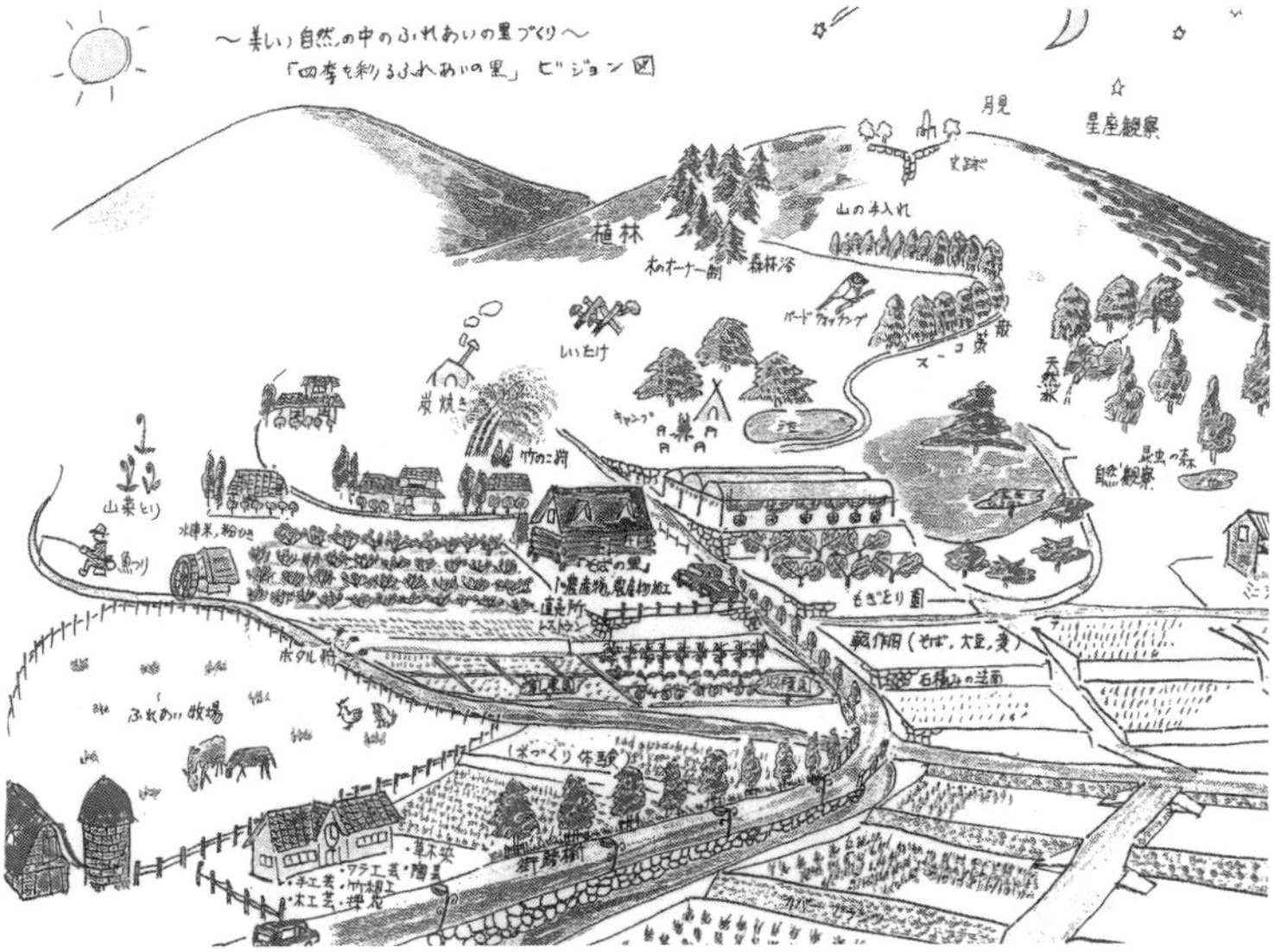

集落ビジョンを１枚の絵にしたもの。中央に「そばの里」やハウスによるブドウ栽培が描かれている

により農地面積の減少に歯止めがかかり、活動が軌道に乗ってからは耕作面積が20haほど増えました（現在の耕作面積は83ha）。ビジョンで描いたとおり、土地利用型作物としては大豆２ha、ソバ10haの生産振興が図られ、新たにブドウ栽培も始まりました。新規就農者も誕生し、周辺農家に営農の意欲がいちだんと湧きました。

目に見えて変わったのは、草木で覆われていた荒廃農地が復元したことです。全部で65筆、３haの荒廃農

減反田に植えたソバ。アゼ草をみんなで刈っているところ

地が田畑に蘇りました。30年以上放棄され松が生えていたところがヒマワリ畑になったり、20年以上荒廃していたところがソバやレンゲ畑になったり、耕作が不可能な急傾斜畑はワラビ園に生まれ変わったりしました。

おばあちゃんたちも驚くほど元気に

投げづくりだったソバが本格的な栽培に変わり、ビジョンで描いたとおり、そば製粉所を設け、廃校となった宇山小学校の一部を利用した、そば処「さわやか茶屋」もオープンしました。この茶屋を運営している女性のみなさんの変化には驚きました。歳を重ね、病院通いをされている方も多かったのですが、お化粧もし、見違えるほど若返られました。

このほかにも産直市の開催、女性グループの誕生による野菜類のもぎ取り園の栽培、運営、管理、さまざまな都市との交流会など多くのことが行なわれるようになりました。農村暮らしのよさを発信しようと、民宿と菓子製造を始めた夫妻もいらっしゃいます。

Uターンも始まりました。地元がこんなに頑張っているのなら帰ってみようかと、地区外に出ていた夫妻がUターンし、農業を楽しんでいます。子どもを連れて帰った家族も現われました。これらの活動を通じて、人が、農地が、そして地域が元気になっていったのです。

そば処「さわやか茶屋」を支える元気な女性たち。開業7年で利用者が10万人を突破した

活動開始後20年、まだまだ進化中

活動を開始して20年が経ちました。現在は、村づくり協議会が住民自治協議会「四季の里宇山」と改名され、地区の各組合や団体の総まとめ役として年間行事の計画調整などを行なっています。また、農事組合法

人「うやま」も設立されました。稲、ソバ、大豆のほかに園芸作物としてアスパラガス栽培にも取り組み始めています。それを手伝いたいと、担い手として都市から移住してきた人もいます。宇山がいっそう活性化するために、健康でいきいき生活できるように、みなさんが参加できる生涯教育も進めていく予定です。

このように現在も「地域を農業を元気に！」との合言葉のもとに活動が続いています。みなさんにお会いするたびに、これからもそれぞれの時代の課題に対応して地域が一丸となって進んでいかれるであろうと強く感じます。

私の地域を元気にするのは私！

住民のみなさんが主役となり、むらの将来ビジョンを描き、実現するにはどうするか。ポイントは、住民のみなさんにどのようにして、①地域の課題に関心を寄せてもらうか、②危機感をもってもらうか、③実態を自分のこととして認識してもらうか、④何とかしなければという気になってもらうか、⑤夢への実現の方法を模索してもらい、⑥実現に向けてみんなで行動するか、だと思います。

その後、県北の普及所管内でもこの流れで「地域営農の仕組みづくり」を行ない、宇山を先進地視察先としました。多くの地域営農集団がビジョンを描き、実現に向けて活動を展開しました。宇山同様、農山村のみなさんがもっておられる力を強く感じました。

いま、地方創生が語られています。地方創生は地域の人びとが主役です。自分たちの地域の環境と将来に目を向け、そこから問題点や課題を見出し、それを解決する方法を編み出すことで、地域は元気になります。そしてこの活動を支援するのが、行政や関係機関だと思います。あくまでも地域の人が主人公。「私の地域をより元気にするのは私！」。これが大事だと思います。

（『現代農業』２０１５年７月号掲載）

4

集落営農で竹チップ販売に乗り出す
――町内の燃料自給もめざして

（島根県飯南町　㈱かわしり）

山中にある川尻集落を案内してくれた熊谷兼樹さん。「ここが一番条件のいい田んぼ」

農地と山の境目がなくなってきた

「ここは中山間地じゃなくて、山々間地。山ばっかりだもの。山のあいだの小さい谷に、田んぼがちょこちょこと並んでるようなところです」

島根県飯南町にある農事組合法人「かわしり」の代表理事である熊谷兼樹さん（59歳）が、そう言いながら集落内を案内してくれた。くねくねと蛇行した道に沿って家が点在している。たしかに山の中の集落だ。

全22戸、67人が暮らす川尻集落に、集落営農が誕生したのは2015年2月。産声を上げたばかりの法人である。高齢化が進み、後継者のいない農家が増えるなか、みんなで農地を守る経営体をつくろうと、全戸参加型の集落営農を立ち上げた。

「条件の悪い田んぼが全部で13haですからね。稲作だけじゃ将来に見込みがもてないから、山を生かして新たな収益部門がつくれないかということで、燃料としての竹チップ販売なんですよ。農地のそばまで竹やぶが迫ってる。耕地と山の境がなくなってるというのが大問題。そんな竹や木を燃料に加工して、ハウス暖房なんかに使えればいいでしょ。燃料の町内産自給です」

集落ビジョンに自然エネルギー

川尻集落では、集落営農を立ち上げる2年ほど前から集落ビジョンの話し合いを進めてきた。みんなで集まって将来何をやりたいか意見を出し合ったところ、「道路の整備をしたい」「葬儀のやり方を見直したい」「老後の面倒を見る体制をつくりたい」など、さまざまな意見が出た。そのなかで「山林資源を生かしたい」「木質バイオマスでハウス加温」「山林を利用して金になる木を植える」など、山の資源を生かした取り組みをしたいという意見が多かったのだ。「カブトムシとクワガタの販売」「クロモジの栽培」「ウナギの養殖」など面白い意見もあった。

製造している竹チップ。角を落として丸みを出したのがポイント

そこで集落ビジョンの一つに「自然エネルギーの利用で地域の活性化を図る」を掲げ、竹や木のチップ燃料化については、熊谷さんが中心となって事前に動き始めることになった。

岡山の専門家をアドバイザーに

熊谷さんは町会議員でもある。議会で岡山県にバイオマス事業の視察に行ったとき、面白い人に出会った。地域資源を活用した木質バイオマス技術を開発している津山市の吉田稔夫さん（76歳）だ。

吉田さんは数々の特許を持つ発明家で、電気を使わないで生の竹でも燃料にできるボイラーをつくれるという。熊谷さんは不思議でならなかった。そこで何度か吉田さんのところに通って話を聞くうちに、面白くてしかたなくなってしまったのだ。アドバイザーになってほしいと依頼したところ、地域の発展になるならと了承してくれた。

その後も何度か相談し、地元の鉄工所にも協力してもらって、半年あまりで竹チップも使えるオリジナルのボイラーが完成した。

12時間連続燃焼できるボイラー

このボイラーの特徴は、燃焼効率が抜群にいいだけでなく、電気を使わずに12時間連続燃焼できること。そして生の竹チップでも使えることだ。

薪ボイラーは自動の燃料供給装置がないと、夜中でも補充しに行かなければならないが、これは重力を利用して燃料を供給できるのでその必要がない。また、竹は水分含量が多いので、燃料に使う場合は半年ほど乾かす必要があるのだが、このボイラーは切ってきた竹をチップ化してすぐに使える。構造もシンプルで、モーターで風を送らなくてもゴーゴーと燃えるところが熊谷さんはすごいと思っている。

「ミソは、燃料が最初に燃えるロストルの部分が吹き抜け状の階段になっているところ（次ページの図参照）。そこから風が入って、竹チップが一次燃焼し、そのときに出る未燃焼ガスが燃焼室で二次燃焼するから、完全燃焼するっていう理屈です」

どうもロケットストーブやウッドガスストーブと原理が似ているようだ。

工夫はほかにもある。とくに竹を燃料にする場合、問題になるのは竹に多く含まれるシリカ（二酸化ケイ素）という物質。燃焼時にシリカなどからクリンカというガラス状の物質が生成され、これが燃焼室に付着して燃焼効率が悪くなると言われている。８００度を超すとシリカの害が出やすくなるので、燃焼室の形状を温度が上がりやすい円柱ではなく、四角柱にするなどの工夫を加えた。また、燃料ホッパーに入れた竹チップがスムーズに自然落下するよう、竹チップは角を落として丸みを出すようにした。

このボイラーはオプションを付ければ温水加温もできる。ハウス暖房、工場内暖房、水耕栽培の加温、堆肥の乾燥、養殖場の水温アップなどに使える。

ボイラーとセットでこれから販売

竹チップのほうは、小型の切断機と破砕機でつくっている。機械は１５０万円ほどで地元の鉄工所につくってもらった。今はもっと効率のいい機械の開発も模索しているが、これらの機械やボイラーの開発費用は、「しまね産業振興財団」の創業補助金などを使ったそうだ。

ボイラーと竹チップは、いよいよ販売を開始すると

開発したボイラーの構造

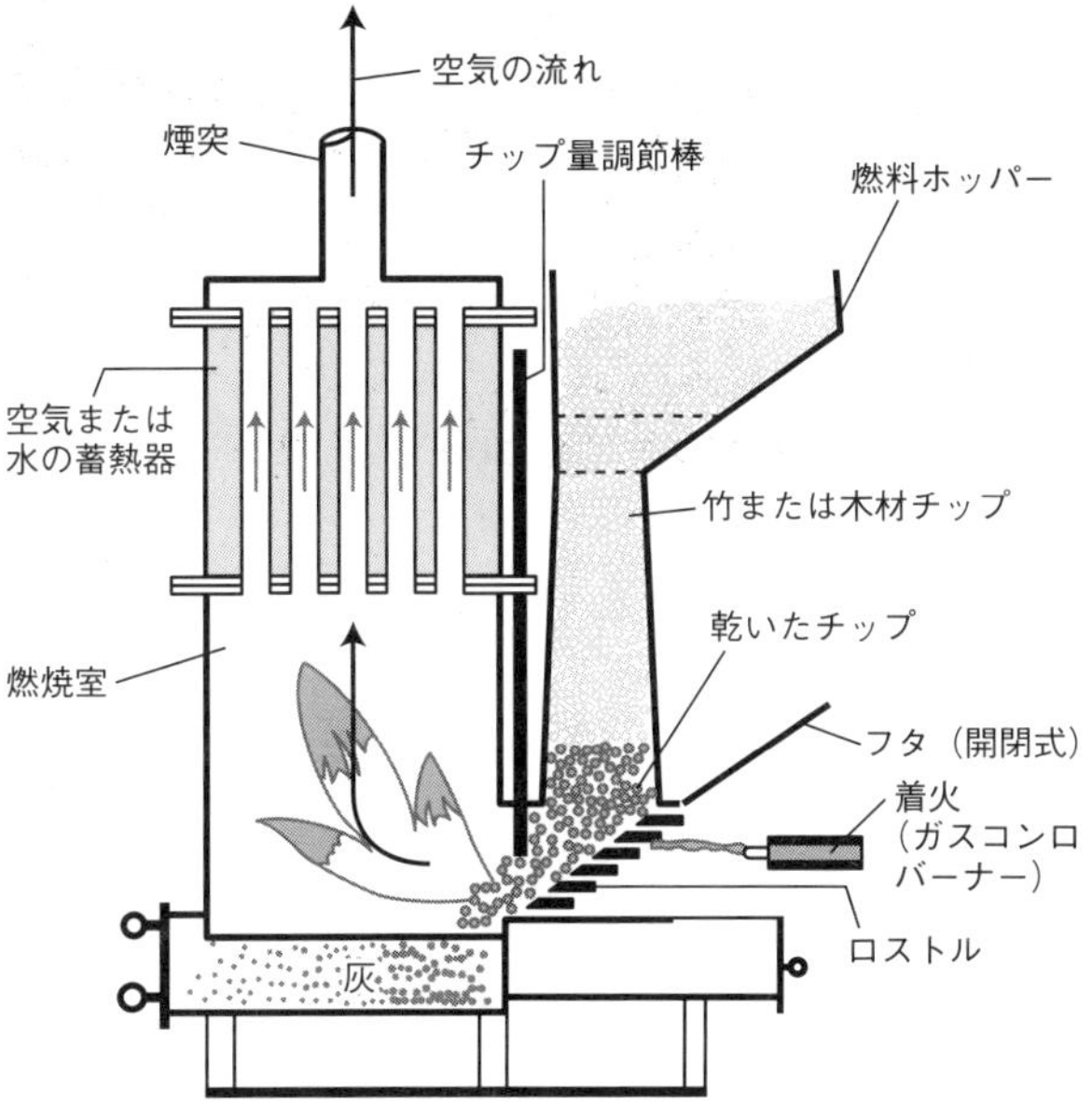

ロストル部分から火をつけると、そこでチップが一次燃焼し、その未燃焼ガスが燃焼室で燃えるので完全燃焼する。燃料ホッパーからチップが自然落下してロストル手前で乾くので、生竹や生木でも使える

吹き抜け状の階段になっているロストル部分。ここから空気が入って一次燃焼する

開発したボイラー「多目的燃焼器イーヒーター」（2.9万kcal）。手前の送風機は試験用に付けているもの。これがなくてもよく燃える。間口8m奥行き40mほどのハウスに1台設置すれば、外気温が氷点下でもハウス内を15度前後に保てる。このボイラーは特許出願済

竹の切断機。3cmほどに輪切りにし、破砕機に入れてチップにする。今はもっと効率のいい切断機と破砕機を開発中

ころだ。竹チップは燃料消費カロリーを換算し、灯油の約半分の値段の1kg25円、ボイラーは材料費がかかるので1台150万円とした。本当は2015年秋に販売を開始したかったが、竹チップ製造の体制づくりが遅れたので、体制が整い次第、本格的に販売を開始するとのこと。

　ちなみに地域の農家へは試験器を2台入れている。ハウスでは夏秋パプリカが冬まで栽培を延ばせたり、酪農では堆肥の乾燥が早く発酵がうまく進むようになったので、そんな噂も広まって、すでに注文も来ているという。

町内でお金を回したい

「こういうボイラーにしろ、燃料を製造する機械にしろ、地元ではつくれないっていう固定観念があるんです。それで県外産や国外産の高い機械を買う。でもお金が外に出てしまうでしょ。要は、すべてを町内産にして、町内でお金を回したいということです」

　熊谷さんは、これまで何千万円もかけて大規模に木質バイオマス事業に取り組む事例なども見てきたが、どれもしっくりこなかった。そんなにお金をかけなくても、小規模でやれば町内ですべてを回していけると思うのだ。

竹チップ製造を冬場の仕事に

　ボイラーは注文に応じて地元の鉄工所につくってもらうことになっている。外注なので法人としての収益は見込めないが、竹チップの販売は冬場の仕事づくりになる。売り上げ目標は、今のところ冬の一シーズンで300万円ほどだ。試算は以下のようにした。

　ボイラーの稼働期間を11～3月の150日とし、1日の稼働時間を日中は除く15時間とする。竹チップは

1時間の燃焼に6kgほど（木材チップは8kgほど）必要なので、1日に90kgほど使うことになる。150日だと13・5t。コストとしては1kg25円で約34万円。一冬の竹チップ代が約34万円ということだ。これを10カ所で使ってもらえれば、300万円にはなる計算だ。

「それほど儲かるものではないんだけど、冬場に1人か2人は雇用できるでしょ。里山の整備もできる。一方で油も買わずにすむところも出てくる。そうなれば、少しでも町内でお金が回る。今はこれが大事だと思う。軌道に乗るかどうかはこれからですけど、一つのモデルをつくりたいですね」

（『現代農業』2015年12月号掲載）

5

「ミカン産地を守りながら集落も守る」が使命――果樹産地の集落営農

（愛媛県西予市　俵津農地ヘルパー組合㈱）

宇和海の入り江にある俵津集落。山の斜面にはミカンが植えられている

20戸以上の農地を守る

ミカンは海に面した急傾斜地ほどおいしくなると言われている。水はけがよく、ミネラルを含んだ潮風がほどよく吹くからだ。

愛媛県西予市明浜町にある俵津地区。リアス式海岸の入り江にある小さな集落で、農家数は130戸ほど。ほとんどがミカン農家である。海岸線からそそり立つ山の斜面を先人たちが「天まで耕せ！」と開墾し、ミカンを植えてきた。集落内にはそんな園地が150haほど広がっている。もちろん香りや味のいいミカンがとれる。

しかし、人が歩くのもやっとなほどの斜面では作業がきつい。高齢化も進み、次第に「ミカンをつくれない」という人が増えてきた。

「山のミカンは1年ほったらかすと、樹にカズラが覆い被さってくる。2年もするとカズラの中に樹が埋まって見えなくなる。そうなったらもう手がつけられない」

そんな園地を増やさないために結成されたのが「俵津農地ヘルパー組合」株式会社（以下、ヘルパー組合）だ。集落内の有志が立ち上げた集落営農組織で、専務である隅田勉さん（49歳）はじめ現在従業員は6人（正規雇用3人、研修生2人、事務員1人）。耕作できない人の園地を借り受けて、6haほどでミカンをつくっている。そのほか、草刈りや摘果などの部分作業受託（料金は1時間当たり1200～1700円）も含めると、合計10ha以上。20戸以上の農地を守っていることになる。

俵津農地ヘルパー組合の主要メンバー。専務の隅田勉さん（前列）、宇都宮文彰さん（後列右）、松浦広行さん（後列左）

依頼してくる人は、後継者がいなくて体の調子が悪くなった人、夫を亡くして1人でやっている70代の女性、けがをして入院した人などさまざまだ。

「今も依頼は多いですけど、なかなかやりきれないのが現状です」

隅田さんが、そう話してくれた。

墓掃除も庭先果樹の防除も

ヘルパー組合の取り組みは、荒廃園対策のミカンづくりにとどまらない。集落内で困っている人を助ける活動も行なっている。墓の掃除や庭先果樹の防除などを頼まれれば積極的に引き受ける。

「名前がヘルパー組合だからってわけじゃないんですが、頼まれたら助けてやらにゃあいけん、っていう精神というか、イズム（主義）というか、そういう流れがこの組合にはもとからある。だからお年寄りの方たちも、ここに頼んだら、なんとかしてくれるって思ってくれてるんだと思います」

ヘルパー組合の前身である「農地委員会」の活動から13年目を迎えるが、経営を任される立場として隅田さんは4代目。組織のメンバーが変わっていくなかでも、地域を守るという精神は、ずっと引き継がれているようだ。

きっかけはスプリンクラーの負担金

ヘルパー組合発足のそもそものきっかけは、俵津地区のミカン園に多目的スプリンクラー設備が設置されたことだった。急傾斜地での防除やかん水は重労働。これらを解消すべく、1999年にスプリンクラーが導入された。おかげで真夏に雨合羽を着て防除することもなくなった。かん水も自動でやってくれる。年をとってもリタイアせずにミカンをつくり続けられるのは、そのおかげだという農家も多い。

だが、念願のスプリンクラーが導入されてから、ある問題が起きた。ミカンを1haつくっていた農家が突然病気で亡くなったのだ。スプリンクラーを動かすには、個々の農家が10a当たり年間4万円（現在は3万円ほど）の負担金（農薬使用代と償還金）を払わなければならない。しかし、亡くなった農家の園地は引き受け手が見つからず、負担金を請求しようにもできなくなった。稼働したばかりのスプリンクラーを部分的に止めることはできない……。

山のミカン園にスプリンクラーでかん水

そこで、スプリンクラー利用組合（南予用水利用組合）の役員5人が立ち上がり、なんとかその園地を維持しようと努めた。自分のミカン園の管理の合間に、忙しいながらも草刈りや摘果、収穫をこなし、負担金が払えるくらいには維持できた。

翌年は、たまたま集落内に40代で仕事を探していた人がいたので、役員たちの自前組織で雇用して、その1haの管理をお願いした。もちろん素人なので役員たちがサポートし、その年もなんとか収穫までこぎつけた。

「うちの畑でもやってほしい」

そうすると、次の年には役員たちに「うちもやってほしい」という依頼が殺到した。合わせて10軒ほどだ。みんな「もうつくれない」と言う。やはり断れない。

そこで、スプリンクラー利用組合の下部組織に荒廃園を出さないための「農地委員会」を正式に立ち上げ、この会で農地を借り受けた。従業員をさらに2人増やし、3人体制ですべての園地を引き受けた。ちょうど都会から地元に戻って来た30代と、20代の若者がいたからだ。このときの30代が、今の専務の隅田さんである。

やむを得ず借り受けた園地は合わせて3ha。スプリンクラーが設置されてはいるものの、急傾斜地の多い条件の悪いところばかり。しかも40代、30代、20代の従業員は当時はみんな素人だった。役員たちがサポートしつつ、少しずつ園地を管理できる体制をつくっていった。

農地委員会は任意組織だったので、ある程度のミカンを販売する以上、法人格をもったほうがいいという指摘もあった。そこで、その後は特定農業法人となり、2008年に現在の俵津農地ヘルパー組合株式会社を設立した。農事組合法人ではなく株式会社にしたのは、将来を広く見据え、ミカンだけでなく地域の海産物などの販売もできるようにしたいと考えたからだ。

「中山間直接支払」から年100万円

農地委員会を立ち上げた当初は経営的には大赤字だった。ミカンの販売代金だけでは3人の従業員の人件費が払えない。3人で3haだから1人1ha。面積的には地域の平均的な規模になるのだが、条件の悪い圃場で技術もない。そう簡単には収量は上がらない。

そんななかでもこれまで組織を続けてこられたのは、中山間地域の直接支払制度が大きかった。集落協定で荒廃園対策として年間100万円をヘルパー組合で使わせてもらえることになったのだ。集落の農地を守る組織として、集落全体からも認められたことになる。

自分たちが集落を守る、集落のために何かできることをやる、という気風は、こうした背景もあるようだ。

お助けマン活動

地域を守る活動として、最初に取り組んだのは墓掃除。役員の1人が言い始めたことだ。都会に出て行っ

地域貢献活動の一つの墓掃除

庭先のこんな柿の樹の防除も
引き受ける

てなかなか帰って来られない人は墓掃除ができなくて困っていた。そこでヘルパー組合が代行する。春秋の彼岸と盆暮れの年4回、周囲の草を刈り、墓をきれいにしてシキミなどをお供えする。代行料金は1軒1年で2万円。これがとても好評だった。10年以上前から取り組んでいることだが、今でも10軒前後の依頼が来ている。

また、家に柿の樹を数本植えている人が多く、ヘタムシ防除に難儀している人もいた。農家でも1本2本だと防除は面倒だし、家庭菜園程度のお年寄りには大変な作業。そこでヘルパー組合が適期になると軽トラにタンクを積み、1日かけて20カ所くらい防除して回る。樹の本数や大きさにもよるが、料金は1回1500円程度。これも大変喜ばれている。最近は地元の小学校から桜の防除も頼まれるようになった。

そのほか、家の菜園畑の土が硬くて耕せないから何とかしてほしいという依頼もあった。ヘルパー組合では集落協定（中山間地域等直接支払制度）で揃えた管理機やユンボの貸し出し業務（オペレーター付き）も行なっているので、こういった依頼はお手のもの。

ふだん住んでいない家の草刈りや、空気の入れ替えをしてほしいという依頼もある。買い物をするために車を出してほしいとおばあちゃんに頼まれたこともある。忙しいときはできないが、まさに何でも屋、地域のお助けマンという取り組みだ。

ヘルパー組合の職員である宇都宮文彰さん（29歳）は、地元明浜町出身で実家はサラリーマン。農業がやりたくて農業高校へ進学し、果樹試験場で研修生となった後、ミカンの技術を身に付けたくて6年前に入社した。

「初めてここに来たときは、なんで墓掃除って正直思いました。ヘルパーと聞いていたのでミカンの仕事だけだと思ってましたから。ふたを開けてみたら地域貢献的な仕事もいろいろあって。でも、こういうのもやってみるといいなあと思います。ありがたいと言われれば嬉しいし、それがけっこう励みにもなる。人間、頼りにされると嬉しいじゃないですか」

地元を生かして販路開拓

ヘルパー組合ではここ数年売り上げが伸びている。売り上げ全体の8割以上がミカンの販売だが、それが昨年度は約1000万円。法人化（株式会社化）する6年前は約700万円だったから、かなりの伸びだ。大きな要因は売り方を変えたことにある。それまでの農協出荷一本から、お客さんへの直接販売に切り替えていったのだ。2013年からは全量直販。全国には1400軒くらいのお客さんがいる。

販路開拓には集落の力を借りた。お土産やお歳暮に使ってもらえないかと呼びかけると、地域貢献活動を通してかかわった人などが率先して使ってくれる。また大きかったのは、進学や就職で都会に出ていった地元出身者の会「関東俵津会」の人たちが利用してくれるようになったこと。

「地域を守りつつ、会社としても利益を出さないといけない」と、隅田さん。地域を守ることと、会社として利益を追求することは、それほどかけ離れていないのかもしれない。

農家として2人が独立

これまでにヘルパー組合を卒業して農家になった人が2人いる。1人は50代で地元の漁協を退職後、ヘルパー組合に入った。そして3年余りでミカンづくりを覚え、その後は親戚などから頼まれて1ha以上のミカンをつくっている。もう1人は地元明浜町出身の20代。小さいときからミカンづくりをしたかったが、サラリーマンの両親に反対され続け、それでもミカンがつく

山の斜面を拓いたミカン園

6月でも収穫できる河内晩柑とミカンジュース。どちらも人気商品

りたいとヘルパー組合に入ってきた。やはり3年余りでミカンづくりを覚え、今では2ha以上の園地で経営を展開している。

意図していたことではないのだが、後継者を育てる受け皿にもなっている。現職員の宇都宮さんもここで技術を磨き、将来は農家として独立したいという夢をもっている。また、職員の1人である松浦広行さん（51歳）は、縫製関係の仕事を退職してヘルパー組合に入ってきた。実家はミカン農家だったが、勤めに出ている間に両親は農業をやめてしまった。「農家の血が騒ぐんでしょうかね。最後は農業がやりたくて、ここで仕事をさせてもらえることになりました。できることなら、ずっと続けたいと思っています」。

ヘルパー組合にかかわる人はさまざま。専務の隅田さんも実家は地元集落のミカン農家。実家の経営は兄に任せ、今はヘルパー組合の専務として、この会社をさらに発展させようと燃えている。

「経営的にはまだまだです。無闇に手を広げずに現状の中でできることをきちんとやって、職員みんなの給料をもっと安定させたいというのが今の正直な思いです。私もずっとここでやっていこうと思っています」

（『現代農業』２０１４年９月号掲載）

6

ばあちゃんたちが最優先——草刈りの場所決めは年齢順の集落営農

（山口県山陽小野田市平沼田集落 (農)和《なごみ》の郷）

80歳、まだ草刈りはやめられん

平沼田集落の農地15・7haを管理する農事組合法人「和の郷」の草刈り経費は、年間200万円近くにもなるという。

今橋常子さん（左）と矢田菊枝さん。後ろの圃場は今橋さんが草刈りを担当するエリア

けっこうな額の気もするが、組合長の村上俊治さん（66歳）は「従事分量配当で地域のみなさんに払うお金がほとんど。だから、うちはこれでいいんです」とキッパリ。下手に草刈り代をケチって効率よくこなしてしまうより、せっかく誰でもできる草刈りなのだから、なるべくたくさんの人に参加してもらいたいと思うのだ。

矢田菊枝さん（81歳）と今橋常子さん（76歳）は、2012年の法人設立と同時にほぼすべての農地を法人に利用権設定した。だが今も、草刈りや水管理を再委託されているし、畑の共同作業にもせっせと出かける。農家として田んぼや畑で体を動かすのは、やっぱり楽しい。

「それに法人ができる前は年金持ち出しで農業しとったのが、いまはお金もらって農業してるもんね。本当ありがたいです」

そんな2人にとって草刈りは、とてもやりがいのある仕事だ。

「まぁ暑い時期は大変だけど、草刈りはちょっとまだやめられんよね」「うんうんっ」

2人は少女のように目をキラキラ輝かせてうなずきあう。どうやら和の郷の草刈りシステムに、やる気を生み出す秘密がありそうだ。

面積割なら自分の好きにやれる

和の郷では畦畔の草刈りは、それぞれが担当場所を管理する。労賃は時給ではなく面積割だ。

「時給だと若い人とお年寄りでスピードに差が出るでしょう。かといって共同作業にすると、若い人がガンガンやるからお年寄りは排除されちゃう。だから面積割がいいんですよ」と村上組合長。

今橋さんも、「もう歳だから日中の暑い時間なんか外に出てられないでしょう。だから涼しい朝と夕方にちょっとずつとか、自分の好きな時間に自分のペースでやれるのがいいね」と言う。

労賃は傾斜などの条件によって幅があるが、1回につきアゼ面積で1㎡20~23円。刈る回数は水稲の圃場は5回、麦や牧草の圃場は3回と決まっている。でも、別に回数のチェックまではしない。「要は草が生えないように管理してればOKよ」と村上さん。つまりアゼ1㎡当たり水稲の圃場で年間約100円、麦や牧草だと約60円というわけだ。

基本的に機械や燃料は各自の持ち出しで、法人で所有する自走式草刈り機を使うこともできる。

場所決めは年齢順で

担当場所の決め方が、なんともユニーク。年齢の高い順に、好きな場所を選べるのだ。面積も好きに決めてよく、やりたいだけやれる。毎年、村上さんが冬の間に年齢の高い順に家を訪ねて、希望を聞いて決めていくという。

今年、集落のなかで一番に場所を選んだのは、81歳の矢田さん。4枚分、90aほどの圃場のアゼ草刈りを担当することにした。決め手は、まずは自宅から歩いて行けること、そして自分の田んぼを含んでいることだった。4枚は少し傾斜があるがコンパクトにまとまっており、矢田さんの感覚では、朝晩だけの草刈りでも3日あれば十分終えられる広さだ。無理なく続けられて、労賃は年間6万5790円になる。

いっぽう今橋さんは、矢田さんが担当するエリアの北側5枚分を選んだ。面積は1・1haほどで矢田さん同様、自分の田んぼも含まれていて、場所は家の目の前。ちょっと広いが傾斜がほとんどないので、畦畔の面積は広くない。

2人とも、自分の田んぼは他の場所にもあるのだが、無理せず家の近くのまとまったところを選んだそうだ。

美しい景観を保つ平沼田集落。どこも草刈りが行き届いている（写真：高木あつ子）

支払いは現金で奇数月に

労賃は、奇数月の現金払いだ。

「偶数月には年金入るでしょ。だから法人からの支払いは全部奇数月、毎月何かしら収入があるようにしてるんです」と村上さん。

草刈り代は5、7、9、11月の4回に分けて払われる。ちなみに1月は土地代、3月は草刈り以外の労賃がもらえる。「ちょっとでも毎月収入があるってやっぱり安心するんだよねぇ」と矢田さんも今橋さんも嬉しそうだ。

平沼田集落から銀行や郵便局があるところまでは車で15分ほどかかる。お金をおろしに行くのは結構面倒だし、現金でもらえるのはやっぱり嬉しい。「頑張ろう」と思うのだという。

共同作業のエリアも

村上さんは、じいちゃんやばあちゃんが無理なく楽しく草刈りを続けられるよう仕組みづくりに気を配ってきたが、草刈りに参加する人は減ってきている。2015年は16軒のうち、担当場所をもったのは9軒のみだ。そこで、一部の草刈りを共同作業にして、時給制でやってみることにした。時給をいくらにするかは検討中だが、担当をもたなくなった高齢農家や嫁さんなど、来たい人にはどんどん来てもらいたいと思っている。

和の郷の草刈り経費200万円には、畦畔以外の水路のまわりや山際などの草刈りにかかる分も含まれる。畦畔以外の草刈り代はなるべく中山間地域等直接支払や多面的機能支払の補助金を利用するが、残りは法人が用意しなくてはならず、負担額は昨年で160万円ほどだ。そのため人件費以外の部分ではコスト削減にも励む。資材の購入先を見直すなどして、米1俵当たりの生産費は中山間地ながら1万円程度にまで抑えているという。米はほぼ全量を直販、自分たちで売れない分まではつくらず転作にまわす。

「法人は儲けるつもりはさらさらない。ただ集落の農地が維持できて、みんなが楽しく暮らせればいい。今は集落をなるべくいい状態で次の世代につなぎたい、それだけです」と村上さん。

「集落の外に出てる人も、耕作放棄地やアゼ草がボーボーじゃ帰ってくる気も起きないでしょ。草刈りってほんとに大事だと思いますよ」

（『季刊地域』2015年冬号）

7

自由度の高い多面的機能支払交付金で草刈り隊を組織

（兵庫県豊岡市　中谷《なかのたに》（農））

「日本最後のコウノトリ生息地」として知られる豊岡市は野生復帰に力を注いできた。中谷集落のある六方平野こそが、その中心地。コウノトリのエサになる生きもの豊富な田んぼづくりにみんなが取り組む。最近は、田んぼで仕事中に普通にコウノトリが舞い降りるようになってきた（写真：中谷（農））

コウノトリ米で有名な兵庫県豊岡市の六方《ろっぽう》平野。中谷集落の大規模区画田んぼでは、中谷農事組合法人の「草刈り隊」が活躍している。「田んぼを集積して規模拡大したとしても、アゼの草刈りまではとてもとても担い手だけではやりきれない。ではいったい誰が？」という問いに、集落で一歩踏み出したのがこのかたち。そして、「多面的機能支払」の交付金が、これに使える。

1週間したらまた伸びるのに……

中谷草刈り隊を提案したのは、木下義明さん（51歳）が6年前に組合の会計を任されてほどなくのことだった。

なにせアゼ草刈りの労賃だけで年間210万円もかかっている。1週間もしたらまた伸びてくる草を刈るのに毎年こんなにコストと労力をかけるのは、組織の会計担当として、どう考えても無駄な気がしたのだ。

そう感じる背景には、木下さんが炎天下のアゼ草刈りを人一倍苦手としていたこともありそうだ。

1集落1農場の中谷農事組合法人。1987年の設立以来長らく、組合員全戸が毎年、割り当て分のアゼ草刈りをこなしてきた。年4回、それぞれが勤めの合間を見ては刈り払い機で刈ってまわるというスタイルだ。「田んぼを組合に任せたからといって、それぞれの人が農業と縁が切れてしまうのはよくない。何らかのかたちで田んぼとかかわりをもっていないと」というのが、小島昭則組合長（64歳）の信念でもある。

1・5haの田、気が遠くなる

だが実際、アゼ草刈りはしんどい作業だ。基盤整備で大区画化した際にできた組合なので、どこからどこまでが自分の田んぼなのかは組合員は誰もはっきりわからないのだが、割り当てはだいたいの持ち分面積を参考に決まる。

アゼを抜いて整備された1・5ha区画の田は、長辺300m。気が遠くなる長さだ。刈り払い機の燃料は満タンにして始めても途中でなくなってしまい、補給に端まで戻るのもいちいち面倒。仕事の仕方は人によるから、「どんな仕事でも、ワシは集中してガッとやってしまわないと気がすまんタイプ」という小島組合長の場合は1日で一気にやってしまうが、1世代下で、農作業をふだんやり慣れてこなかった木下さんの場合は2時間でギブアップ。夏だともうフラフラで、翌日とそのまた翌日の昼くらいまで調子が悪くなるほどだ。しかたなく、曇りで涼しめの日をねらって、何日もに分けて少しずつ進めるわけだが、これがなかなかの負担だった。

機械を揃える、隊員を募集する

そんな木下さんが思いついたのが、草刈り隊を募集

小島昭則組合長（右）と木下義明さん。1.5haの広大な田んぼと田んぼの間には、水路がある。この水路脇のアゼだけは、今も草刈り隊には任せず、個人担当で草を刈る

草刈り隊発足とともに揃えた機械。トラクタにつけるアーム式のモア（上）と自走式モア（下）

中谷集落と中谷（農）

戸数43戸、うち農家33戸。とてもまとまりのある集落で、12チーム参加する地区の運動会では過去38回中30回が中谷集落の優勝。集落営農の歴史も長く、1集落1農場の中谷農事組合法人が誕生したのは1987年。

集落では毎月28日に区費の集金を兼ねて全戸参加の集まりをもつ。その際、組合からも毎月小島組合長が報告する。イベントや祭りは機動力のある組合中心にやることが多いが、非農家も農家も関係なく集落全体が参加する。

組合の経営は、集落内の田が28ha、他地域の田が36haで合計64ha。

作付けは、稲42ha、小麦や大豆16ha、飼料イネ（WCS）4ha、他に野菜など。

常勤職員5人（うち役員3人）、パート1人、研修生1人。非常勤役員3人（木下さん含む）

して、機械で刈ることだった。各人が刈り払い機を振り回して巨大なアゼに挑み、それに対していちいち労賃を払っていくということでは、この先続いていかない。機械でやれるところは機械でやる。やれる人にやってもらって、その分だったら払えばいい。組合長世代はまだいいかもしれないが、その後の世代が続けていく組合の将来を考えたら、そのほうがきっといい。

当時はまだ大型のモアはそれほど普及していないときだったが、木下さんの提案で組合長も投資を決意。トラクタにつけて使うアーム式モアを１００万円くらいで購入した。四輪駆動の自走式モアも20万円ほどで２台揃えた。草刈り隊構想のチラシをつくって集落の中で公募したら、意外にも40～50代の働き盛りの組合員の多くが手を挙げてくれた。景気が悪く、残業をさせてくれない企業が多くなってきたときだったので、「アルバイトになるなら」という考えもあったのかもしれない。

兼業農家の草刈り隊員、大活躍

２０１０年、中谷草刈り隊が発足。登録メンバーは23人。組合員以外の非農家も２人参加してくれた。活動は年に5回、4、6、7、8、10月の土日各２日間

草刈り隊の作業のしかた

まず、活動日の1週間前から前日までの間に、トラクタにつけたモアで先行隊が一通り刈って回る。当日は残りのメンバーが、アゼの上下など刈り残し部分を刈って回る❶トラクタにつけた大型モアで、アゼの真ん中部分を大きく刈る（1人）❷自走式モアでアゼのてっぺん部分（大型モアで刈るには幅が狭い）などを刈る（2人）❸アゼの上下や入水パイプの周辺など、刈り残し部分を刈り払い機で刈る（残り3～4人）＊今年はさらに幅広の大型モアと自走式モアを1台ずつ新規購入予定。もっと効率的になりそう

草刈り隊が刈る場所・個人が刈る場所

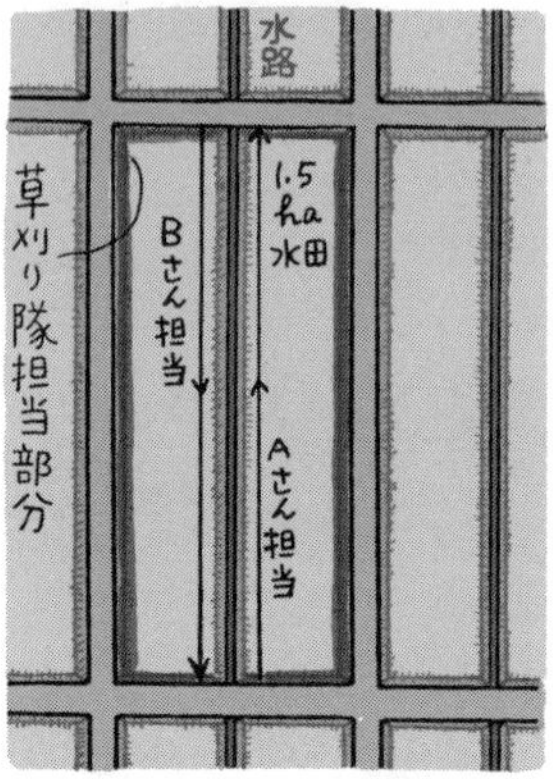

草刈り隊は道から刈れる場所を担当。トラクタの入れない田と田の間（水路がある）のアゼは、従来通り個人担当。1.5ha水田だと300mの長さがあって、これはこれで大変だ

イラスト＝河本徹朗

ずつだから、のべ10日。毎回5〜7人が当番に割り振られているので、年間1人3回は当たる計算だ。

毎年、年間日程と当番表は年明け早々に決まる。地区や学校の行事がない土日を探すと日程はそう選択肢がないし、当番日も早くに決まっていたほうが勤めの人にはいいからだ。予定の日、もし多少の雨が降ったとしても、順延は極力せずに敢行する。

当日は朝8時に事務所に集まって作業開始。じつはこの日より前1週間以内に、先行隊に当たった人がトラクタにつけたアーム式モアでグルッと1周刈ってくれている。この日はその刈り残し部分を、自走式モア2台と刈り払い機とで残りの部隊が仕上げていく段取りだ。

つまり、草刈り隊が刈るのは上の図のように、おもに道から効率的に刈れるアゼだけ。アーム式モアで斜面の真ん中の大部分を先行して刈り、残ったその上下を刈り払い機で、てっぺんの平らな面は自走式モアで刈るのが通常。入水バルブのまわりなどの細かいところも刈り払い機だ。1人だとキツイ作業も、みんなでやるとがぜんラク。最近は段取りもよくなってきて、昼までに終わることもある。

時給は2014年までは800円と、組合の他の出

役（播種や田植えなど）と同じに設定していたが、草刈り隊長・木下さんの強い主張により、2015年からは草刈り隊は1200円に大幅アップが決まった。

多面的機能支払でアゼ草刈り

ところで、組合の経営を考えて提案されたはずの草刈り隊だが、じつは経費は多面的機能支払（旧農地・水・環境保全向上対策）のほうから出している。発足当初から、中谷草刈り隊は「農地・水の活動」ということにして、時給計算の草刈り隊の労賃と、組合所有のモアなど機械借用料・燃料代などをすべて、交付金からまかなっている。なにせ、この地域の多面的機能の組織「中谷美しい村づくり委員会」の委員長も小島組合長が兼ねている。集落も農地も維持するしくみを最適に設計し、最適にお金も使う。

だが、田んぼのアゼ草刈りに「農地・水」の交付金を使うことは、従来は認める地域と認めない地域があったようで、何かの集まりで中谷が草刈り隊にこの交付金を使っていると発言すると、会場がざわついたこともあった。「共同活動」である水路や道路脇の草刈りなどには当然使えるが、アゼ草刈りは「営農活動の一部」なのでダメ、と考える地域が多かったようなのだ。

この状況はしかし、昨今急速に変わってきている。農地・水が昨年、多面的機能支払に移行してからは、いよいよ「担い手の負担を軽減して構造改革を後押し」することが重要な事業目的に入ってきた。農水省の資料でも「担い手を助けるための水路の泥上げ・農地法面の草刈り」は農地維持支払いの代表的活動と例示されている。農地法面＝田んぼのアゼということで、アゼ草刈りを交付金の支払い対象にする地域もどんどん増えてきそうだ。なにしろ、多面的機能支払は「地域の実情に応じて（地域裁量で）実施するもの」とされている。地域の強い意志があればわりと何にでも使える、じつに自由度の高い交付金なのだ。

機械が入らないところは個人で

だが中谷の草刈り隊が担当するのは機械で刈れる道沿いが中心。田んぼと田んぼの間で水路が通っているアゼは、従来通りに個人に割り当てており、こちらは組合から人件費を出している。

結局、やりにくいところが残ったわけだが、絶対量が半分以下に減って、みんな喜んでいる。そのうえで「みんなが田にかかわりをもち続ける」という組合長の理念も、ちゃんと実現されている。

草刈り隊の日

組合としては、機械を買えたことの意味も大きかった。他集落の受託田のアゼ草刈りにも使えるので、規模拡大がしやすくなった。草刈り隊は他集落の田までは行かないので、そこは組合職員が草刈りするしかないのだが、手がまわらずにボウボウにしているとすぐに評判を落としてしまう。

コウノトリ舞い降りる田のお米

木下さんが会計になってもう一つ始めた大きなことが、ネットでの米産直。ホームページもブログもフェイスブックもツイッターも、何でもやってアピールしている。

2014年は農協の概算金が1俵1万1000円と、前年から2200円も下がってしまった。いっぽう中谷のコウノトリ米「六方銀米」は3万円くらいの値でそこそこ売れていく。化学肥料ゼロ、農薬9割削減で苦労してつくった米は、「粘りがスゴイ」とリピーターが離れない。

もちろん全面積で六方銀米をつくれるわけではないし、農協に出す米もけっこうある。売り方も栽培法も、作業改善もコスト減も、木下さんはまだまだやりようはあるはずだと思っている。ここ数年は経営改善の成

コウノトリが来るとやっぱりちょっとうれしい。昨年、「コウノトリと一緒に作業した回数」として、作業中の田にコウノトリが降り立った回数をみんなでカウントしたら42回だった
（写真：中谷（農））

コウノトリ舞い降りる田で生産された農薬9割減の六方銀米。5kg白米2880円、玄米2670円。
http://nakanotani.com/

果が出て借金もなくなってきた。内部留保もできるようになった。

先日、組合長に談判して、2年連続の職員の給料アップも勝ち取った。草刈り隊の労賃も大幅アップだし、今年は組合員の出役も時給８００円から９００円に上げる。若い人が「ここで働きたい」と思えるような魅力的な経営の組合にしたい——組織の次世代の担い手は、次々世代の担い手を考えながら動いていた。集落は、こうして続いていく。

（『季刊地域』２０１５年春号掲載）

DVD
多面的機能支払 支援シリーズ

全4巻

企画・制作　農文協
全4巻　動画数 全39本　収録時間408分（6時間48分）
揃価40,000円＋税　各10,000円＋税

農地・水・環境保全向上対策のスタートから10年。全国で多くの経験が蓄積されてきました。このDVDでは、共同活動の基本的な進め方から、人材や身近な資源を生かす工夫、施設管理、補修の技術的なノウハウまでを実例をもとに紹介しています。

No・1
みんなで草刈り 編

刈り払い機の安全作業、斜面の草刈りをラクにする足場づくりの実際、若者をはじめ多様な人材が参加する草刈り隊の組織・運営方法など、多面的機能支払で最も基本的な活動となる草刈りの共同作業に役立つ工夫を紹介する。交付金制度を解説する付録動画も収録し、研修会での利用にも最適。

（動画数全10本　収録時間83分）

パート1　**事例編**

イントロ（2分）

①法面に足場をつくる（12分）

ため池の巨大な法面の草刈りをラクに安全に進めるため、作業道は管理機を利用し、小段を設置。定期的な草刈りで在来の希少な植物も復活。

【江井ヶ島ため池協議会（兵庫県明石市）】

②草刈り隊を組織する（13分）

普段勤めに出ている若手に参加を呼びかけ草刈り隊を結成。圃場整備により長大となったアゼ草刈りを年5回、土日に実施。1集落1農場型集落営農の負担も軽減される。

【中谷美しい村づくり委員会（兵庫県豊岡市）】

パート2　**実践編**

①水路・田んぼ脇で草を刈るときの鉄則（3分）

水路や田んぼに刈った草を落とさず、トラブルを起こさない基本的な刈り方を実演。

【江井ヶ島ため池協議会（兵庫県明石市）】

②モアの活用で担い手の労力軽減（5分）

担い手農家がトラクタモアを活用してアゼ草刈り。交通整理は非農家が担当。

【三川地区農地・水・環境対策推進協議会（静岡県袋井市）】

③アゼ・法面にグラウンドカバープランツ（14分）

畦畔の草刈り労力軽減となり、景観にも良い4つの草種につき、植栽の事例を紹介。

▼イワダレソウ　【いまい保全の会（静岡県袋井市）】

▼コウライシバ　【新拓農水組合（佐賀県白石町）】

▼センチピードグラス　【豊後大野市集落営農法人連絡協議会ほか（大分県豊後大野市）】

▼ベントグラス　【水野晴光（長野県飯山市）】

④身近な資材で抑草（4分）

除草剤を使わずに、アゼや法面の草を適度に抑えるアイデアを2事例紹介。

▼重曹で抑草　【根岸地区保全会（新潟県新潟市）】

▼ダンボールで抑草　【寺川幸生（大分県国東市）】

パート3　**安全の基本編**

①前編　初心者も安心！
刈り払い機の使い方（11分）

初心者からベテランまで農家の女性5名がイケメンインストラクターに刈り払い機の持ち方、刈刃の当て方、集団作業の注意点など、安全に草刈りを進める基本を教わる。

②後編　刈り払い機の点検とエンジンのかけ方（13分）

前編の続き。作業前点検から、給油、エンジンのかけ方（プライミングポンプ、初爆等）、燃料の抜き方、保管の注意点まで、刈り払い機の扱い方を中心に実演・解説。

【山武市農業共同参画推進会（千葉県山武市）】

付録

3分でわかる　多面的機能支払交付金（3分）

交付金の概要について、農地維持支払、資源向上支払（共同、長寿命化）の順に解説。

【多気町勢和地域資源保全・活用協議会（三重県多気町）ほか】

No・2

機能診断と補修 編

農業用施設の機能診断の進め方、水路の補修、農道の簡易舗装など活動組織の実例から学ぶ。目地の補修では、貼るだけでできる簡易な補修資材（ブチテープ）から、グラインダを使用した本格的な補修法まで詳しく実演・解説。〝長寿命化〟の進め方について解説する付録動画も収録。

（動画数全15本　収録時間145分）

パート1　機能診断

①みんなで歩いて 機能診断（8分）

ため池、水路、ゲート、農道、農地など通水前に活動組織が行う機能診断の事例。

【仁井田の自然環境を守る会 夢《ゆめ》・花彩道《かいどう》（福島県 須賀川市）】

②水路の老朽化で よくあるトラブル ～現場指導者による解説（6分）

敷設から20年以上経過した末端の開水路や分水桝でよく見られる漏水の原因と対策。

【高橋幸照（三重県 立梅用水土地改良区）】

③水路・農道の悩み 地域まるごと総点検 ～広域活動組織の事例（16分）

5000戸規模の広域活動組織が集落をサポートしながら進める機能診断の事例。

【多気町勢和地域資源保全・活用協議会（三重県 多気町）】

④ため池・ポンプ・パイプライン 地域の水利を引き継ぐ（10分）

活動組織がポンプ場も管理。数名の担い手だけで水利が引き継げるのか問題提起も。

【鴨部東活動組織（香川県 さぬき市）】

パート2　水路の補修

①女性もいっしょに 長持ち目地補修（18分）

グラインダでU字カットし、シーリング剤で目地詰めする補修法を解説。女性も参加。

【多気町勢和地域資源保全・活用協議会（三重県 多気町）】

②分水桝の目地補修（6分）

水中パテを使って桝のつなぎ目を詰め、漏水を直す方法を紹介。

【多気町勢和地域資源保全・活用協議会（三重県 多気町）】

③テープを貼るだけ 簡単目地補修（16分）

新開発の〝ブチテープ〟による施工法。貼るだけとはいえ失敗しないポイントがある。

【亀田郷土地改良区曽野木工区（新潟市）、実演・解説：日東電工㈱、協力：農研機構 農村工学研究部門】

④水路側壁のかさ上げ（15分）

コンクリートで側壁を10センチかさ上げする方法。大雨による水路からの越流を防ぐ。

【多気町勢和地域資源保全・活用協議会（三重県 多気町）】

⑤石積み水路の根固め（7分）

築50年の石積みが崩れるのを防ぐ施工。底から30センチをコンクリートで固める。

【多気町勢和地域資源保全・活用協議会（三重県 多気町）】

⑥水路の管理に欠かせない橋を改修（4分）

地域の用水を管理するゲートに行くための小さな木橋を、新たな木材で葺き替え。

【上石見地域保全活動グループ（鳥取県 日南町）】

パート3 農道の整備

①路面の盛り上がりを部分補修（6分）

道路に潜り込み、路面を盛り上げてしまう竹の根を除去し、補修し直す方法。

【多気町勢和地域資源保全・活用協議会（三重県 多気町）】

②コンクリートで農道舗装（11分）

未舗装農道をコンクリートで舗装。イノシシの掘り返しがなくなり、安全走行可能に。

【多気町勢和地域資源保全・活用協議会（三重県 多気町）】

③アスファルトの切削材で農道整備（6分）

道路工事の廃棄物〝切削材〟を再利用。敷いて固めるだけの簡単な施工ながら長持ち。

【水芭蕉の郷 長志田地区活動組織（岩手県 金ケ崎町）】

パート4 暗渠の清掃

暗渠の清掃（12分）

動力散布機に逆噴射ノズルをつけて暗渠を洗浄。麦・大豆の収量アップに大きく貢献。

【南江守環境保全組合（福井県 福井市）】

付録

3分でわかる 施設の軽微な補修と長寿命化（4分）

資源向上支払の共同活動のなかにある〝施設の軽微な補修〟と資源向上支払の〝長寿命化〟について、施工内容と進め方の概要を解説。

No・3
多面的機能の増進 編

新設されたメニュー「多面的機能の増進を図る活動」の参考となる取り組みを紹介。防災・減災力強化として田んぼダム、農村環境保全の幅広い展開として田んぼビオトープ、農村文化の伝承を通じたコミュニティづくりとして虫送りなど、多面的機能の増進をはかりながら地域づくりに取り組む事例を収録。

（動画数全7本　収録時間95分）

パート1　防災・減災力の強化

①田んぼダムの種類と使い方
〜新潟県内の取り組みから（13分）

先進県新潟で使用されている田んぼダムの種類や使い方を紹介。また導入地区の活動組織に経緯、取り組みの実際などを聞く。

【その木地区農地・水・環境保全管理協定（新潟市天野地区）、吉川夏樹（新潟大学農学部）】

②田んぼダムのしくみと普及のポイント
〜解説　吉川夏樹（11分）

田んぼダム研究・開発の第一人者吉川先生に、田んぼダムのしくみや特徴のほか、設置後にうまくいく場合といかない場合の違いなど、普及のためのポイントを解説していただく。（構成：田んぼダムのしくみ／普及のポイント／特徴は効果大・低コスト・簡単）

【解説：吉川夏樹（新潟大学農学部）】

③アゼ草刈りとアゼ塗りで田んぼダム強化
〜新潟県見附市の事例（18分）

市で１つの広域活動組織。１２００haで田んぼダムに取り組む。畦畔も田んぼダムの重要な施設と位置付け、アゼ草刈りとアゼ塗りにも日当を支払。農家が実施しやすい田んぼダム調整管も開発した。

【見附市広域協定（新潟県 見附市）】

④みんなで池干し
～ため池を守り 地域を守る（12分）

地域の伝統的な行事、ため池の池干しに規格外品のウナギを活用。地域住民100名以上が参加し、池の泥を出す作業を行ってから、みんなでつかみどり。巨大な堤体を守るため地域の消防団が草刈り隊も結成した。

【元気な美しい里 新名爪（宮崎県 宮崎市）】

パート2 農村文化の伝承と地域づくり

虫送りで伝える農と食の文化（19分）

農耕由来の伝統行事〝虫送り〟を約50年ぶりに復活。ワラ確保のためコムギ栽培から開始し、耕作放棄地を次々解消。子どもたちにはワラの縛り方、火の扱い方も教える。行事食ムギ饅頭の復活も。

【田中交遊倶楽部・自然塾（千葉県 九十九里町）】

パート3 農村環境保全活動の幅広い展開

田んぼビオトープ
～豊かな環境を次の世代へ（17分）

田んぼを多様な生きもののすめる場所＝ビオトープとし、小学校の授業に活用。メダカなども多数復活。枠回し、手植え、稲架掛けなど伝統農法の伝承とともに農村環境の豊かさを次世代へ引き継ぐ。

【石母田ふる里保全会（宮城県 加美町）】

付録

3分でわかる 多面的機能の増進を図る活動
（資源向上支払に新設されたメニュー）（5分）

1、遊休農地の有効活用
2、農地周りの共同活動の強化
3、地域住民による直営施工
4、防災・減災力の強化
5、農村環境保全活動の幅広い展開
6、医療・福祉との連携
7、農村文化の伝承を通じたコミュニティの強化

【写真提供：多気町勢和地域資源保全・活用協議会（三重県多気町）ほか】

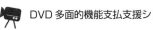

No・4

景観形成と環境保全 編

景観形成・環境保全は取り組み数が最も多い活動項目。花や畦畔植物の植栽で美しさを楽しむだけではなく、女性、子ども、非農家など多くの人の参加を促し、地域を元気にする取り組みとして、運営のアイデアを中心に紹介する。

（動画数全７本　収録時間85分）

パート１　花の植栽で景観づくり

①花木で彩る夢の街道づくり（10分）

サクラを小学生の卒業記念に植樹。５カ年計画による花木の植栽には３００戸以上参加し、長期的にむらを花でいっぱいにする取り組み。

【仁井田の自然環境を守る会 夢・花彩道（福島県 須賀川市）】

②農地に手づくり花壇苗（11分）

集落の女性たちがタネから花壇苗を育て、農地に植え、大きな花文字に。苗は活動組織が市価より安価に買い取る方式。

【北宮沢表地区活動組織（宮城県 大崎市）】

③水路に竹プランター（7分）

正月行事の際に余る竹を使ってプランターをつくり、水路を飾るアイデア。通学路への花壇設置など、花の植栽でふるさとづくり。

【徳光町集落資源保全隊（福井県 福井市）】

④廃U字溝を花壇に（6分）

基盤整備で廃棄することになったU字溝を花壇に再利用するアイデア。集落の女性たちの交流を促す契機に。

【柳沢水田管理組合（茨城県 笠間市）】

パート2 グラウンドカバープランツ

①シバザクラの植栽
～挿し芽育苗と定植のコツ（22分）

20年近くにわたり畦畔へのシバザクラの植栽に取り組み、視察者や見物客の絶えない東広島市乃美地区に取材。地元のみなさんに、育苗から定植まで、長年培ったノウハウを実演・解説していただく。

【乃美シバザクラ愛好会（広島県 東広島市豊栄町）】

②ベントグラスの植栽
～寒地型シバ 定着と利用のポイント（12分）

寒冷地でも使える数少ない畦畔植物の1つ。15年間草刈りなしで済んでいるというベントグラス利用の先駆者阿部さんに、植栽のポイントを教わる。豪雪地帯の栄村での取り組み例も。

【阿部博治（群馬県 みなかみ町）、石澤巌（長野県 栄村）】

パート3 外来種の駆除

アレチウリ駆除と遊休農地活用
～全戸参加の〝結い〟で実践（16分）

地域にまん延する特定外来生物の雑草アレチウリを100名規模で一斉駆除。遊休農地にはあじさい、ひまわり、そばの花を咲かせ、播種や収穫等の農作業体験、そば打ち体験など住民交流の場に。

【上押野地域環境保全協議会（長野県 安曇野市明科）】

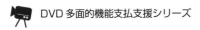

全国農業地域・都道府県	計	法人					非法人
		小計	農事組合法人	会社		その他	
				株式会社	合名・合資・合同会社		
福井	599	183	169	11	3	-	416
山梨	2	1	1	-	-	-	1
長野	344	76	55	19	-	2	268
岐阜	341	111	85	26	-	-	230
静岡	29	6	4	2	-	-	23
愛知	115	5	5	-	-	-	110
三重	306	52	49	3	-	-	254
滋賀	867	210	205	3	1	1	657
京都	319	52	28	20	3	1	267
大阪	2	-	-	-	-	-	2
兵庫	836	74	40	33	-	1	762
奈良	30	8	6	2	-	-	22
和歌山	14	1	1	-	-	-	13
鳥取	280	65	63	2	-	-	215
島根	487	180	172	5	2	1	307
岡山	248	54	50	4	-	-	194
広島	670	245	220	22	3	-	425
山口	329	199	194	4	1	-	130
徳島	27	6	5	1	-	-	21
香川	217	72	70	1	1	-	145
愛媛	101	30	26	4	-	-	71
高知	119	7	6	1	-	-	112
福岡	618	157	154	3	-	-	461
佐賀	605	11	10	1	-	-	594
長崎	115	9	8	1	-	-	106
熊本	407	24	18	6	-	-	383
大分	549	187	173	14	-	-	362
宮崎	128	23	17	6	-	-	105
鹿児島	146	23	21	2	-	-	123
沖縄	6	-	-	-	-	-	6

資料 全国の組織形態別集落営農数

農水省資料より（単位：集落営農、2015年10月2日公表）

全国農業地域・都道府県	計	法人					非法人
		小計	農事組合法人	会社		その他	
				株式会社	合名・合資・合同会社		
全国	14,853	3,622	3,147	446	21	8	11,231
（全国農業地域）							
北海道	275	37	17	19	1	-	238
都府県	14,578	3,585	3,130	427	20	8	10,993
東　北	3,306	573	447	118	6	2	2,733
北　陸	2,373	935	830	102	3	-	1,438
関東・東山	988	266	223	41	-	2	722
東　海	791	174	143	31	-	-	617
近　畿	2,068	345	280	58	4	3	1,723
中　国	464	115	107	7	1	-	349
四　国	429	100	93	6	1	-	329
九　州	2,568	434	401	33	-	-	2,134
沖　縄	6	-	-	-	-	-	6
（都道府県）							
北海道	275	37	17	19	1	-	238
青　森	191	33	32	1	-	-	158
岩　手	667	105	88	16	-	1	562
宮　城	900	130	78	51	1	-	770
秋　田	727	205	188	17	-	-	522
山　形	443	60	48	11	-	1	383
福　島	378	40	13	22	5	-	338
茨　城	155	22	13	9	-	-	133
栃　木	203	26	25	1	-	-	177
群　馬	116	72	72	-	-	-	44
埼　玉	83	22	17	5	-	-	61
千　葉	78	45	40	5	-	-	33
東　京	-	-	-	-	-	-	-
神奈川	7	2	-	2	-	-	5
新　潟	704	329	260	69	-	-	375
富　山	780	312	307	5	-	-	468
石　川	290	111	94	17	-	-	179

設立から次世代継承まで

事例に学ぶ これからの集落営農

2017年4月25日　第1刷発行

編者　一般社団法人 農山漁村文化協会

発行所　一般社団法人　農山漁村文化協会
〒107-8668　東京都港区赤坂7-6-1
電話　03（3585）1141（営業）　03（3585）1145（編集）
FAX　03（3585）3668　　振替　00120-3-144478
URL　http://www.ruralnet.or.jp/

ISBN978-4-540-16184-1

DTP 制作／㈱農文協プロダクション
印刷／㈱新協
製本／根本製本㈱
定価はカバーに表示
乱丁・落丁本はお取り替えいたします。